宁夏枸杞标准汇编

宁夏回族自治区标准化研究院
中国标准出版社 编

中国标准出版社

北　京

图书在版编目（CIP）数据

宁夏枸杞标准汇编/宁夏回族自治区标准化研究院，
中国标准出版社编.—北京：中国标准出版社，2020.1
ISBN 978-7-5066-9507-7

Ⅰ.①宁…　Ⅱ.①宁…②中…　Ⅲ.①枸杞—标准—
汇编—宁夏　Ⅳ.①S567.1-65

中国版本图书馆 CIP 数据核字（2019）第 259146 号

中国标准出版社出版发行
北京市朝阳区和平里西街甲 2 号（100029）
北京市西城区三里河北街 16 号（100045）
网址 www.spc.net.cn
总编室：(010)68533533　发行中心：(010)51780238
读者服务部：(010)68523946
中国标准出版社秦皇岛印刷厂印刷
各地新华书店经销
*
开本 880×1230 1/16　印张 24.25　字数 733 千字
2020 年 1 月第一版　2020 年 1 月第一次印刷
*
定价 98.00 元

编　委　会

出版说明

　　《宁夏枸杞标准汇编》是地理标志产品宁夏枸杞的技术标准汇编,由宁夏回族自治区标准化研究院和中国标准出版社联合编制。

　　本汇编主要内容包括:一、基础标准,二、产品标准,三、种苗标准,四、栽培技术标准,五、病虫害防治标准,六、检验方法标准。本汇编共收录国家标准2项,宁夏回族自治区地方标准42项。

　　本汇编每个部分的标准均按国家标准、地方标准依次编排。

　　本汇编可供枸杞产业政策研究部门、产品质量监督部门、检验检测机构、科研院所及枸杞生产企业等相关部门及人员使用。

目 录

一、基础标准

二、产品标准

三、种苗标准

四、栽培技术标准

五、病虫害防治标准

六、检验方法标准

一、基础标准

ICS 11.120.01
B 38

中华人民共和国国家标准

GB/T 18672—2014
代替 GB/T 18672—2002

2014-06-09 发布

2014-10-27 实施

中华人民共和国国家质量监督检验检疫总局
中国国家标准化管理委员会 发布

前　言

本标准按照 GB/T 1.1—2009 给出的规则起草。

本标准代替 GB/T 18672—2002《枸杞（枸杞子）》。与 GB/T 18672—2002 相比，主要技术变化如下：

——修改了标准名称；

——修改了理化指标项目，调整了总糖的指标数值；

——删除了卫生指标及相关内容；

——修改了附录 A 测定步骤中"样品溶液的制备"的部分内容；

——修改了附录 B 的全部内容。

本标准由国家林业局提出并归口。

本标准起草单位：农业部枸杞产品质量监督检验测试中心、宁夏轻工设计研究院食品发酵研究所、宁夏农林科学院枸杞研究所、宁夏标准化协会。

本标准起草人：张艳、程淑华、伊倩如、李润淮、耿万成、李艳萍、冯建华、张运迪、何仲文。

本标准所代替标准的历次版本发布情况为：

——GB/T 18672—2002。

枸　　杞

1　范围

本标准规定了枸杞的质量要求、试验方法、检验规则、标志、包装、运输和贮存。

本标准适用于经干燥加工制成的各品种的枸杞成熟果实。

2　规范性引用文件

下列文件对于本文件的应用是必不可少的。凡是注日期的引用文件,仅注日期的版本适用于本文件。凡是不注日期的引用文件,其最新版本(包括所有的修改单)适用于本文件。

GB 5009.3　食品安全国家标准　食品中水分的测定

GB 5009.4　食品安全国家标准　食品中灰分的测定

GB 5009.5　食品安全国家标准　食品中蛋白质的测定

GB/T 5009.6　食品中脂肪的测定

GB/T 6682　分析实验室用水规格和试验方法

GB 7718　食品安全国家标准　预包装食品标签通则

SN/T 0878　进出口枸杞子检验规程

定量包装商品计量监督管理办法　国家质量监督检验检疫总局令〔2005〕第 75 号

3　术语和定义

下列术语和定义适用于本文件。

3.1
外观　appearance

整批枸杞的颜色、光泽、颗粒均匀整齐度和洁净度。

3.2
杂质　impurity

一切非本品物质。

3.3
不完善粒　imperfect dried berry

尚有使用价值的枸杞破碎粒、未成熟粒和油果。

3.3.1
破碎粒　broken dried berry

失去部分达颗粒体积三分之一以上的颗粒。

3.3.2
未成熟粒　immature berry

颗粒不饱满,果肉少而干瘪,颜色过淡,明显与正常枸杞不同的颗粒。

3.3.3
油果　over-mature or mal-processed dried berry

成熟过度或雨后采摘的鲜果因烘干或晾晒不当,保管不好,颜色变深,明显与正常枸杞不同的颗粒。

3.4

无使用价值颗粒 non-consumable berry

被虫蛀、粒面病斑面积达 2 mm² 以上、发霉、黑变、变质的颗粒。

3.5

百粒重 weight of one hundred dried berries

100 粒枸杞的克数。

3.6

粒度 granularity

50 g 枸杞所含颗粒的个数。

4 质量要求

4.1 感官指标

感官指标应符合表 1 的规定。

表 1 感官指标

项 目	等级及要求			
	特优	特级	甲级	乙级
形状	类纺锤形略扁稍皱缩	类纺锤形略扁稍皱缩	类纺锤形略扁稍皱缩	类纺锤形略扁稍皱缩
杂质	不得检出	不得检出	不得检出	不得检出
色泽	果皮鲜红、紫红色或枣红色	果皮鲜红、紫红色或枣红色	果皮鲜红、紫红色或枣红色	果皮鲜红、紫红色或枣红色
滋味、气味	具有枸杞应有的滋味、气味	具有枸杞应有的滋味、气味	具有枸杞应有的滋味、气味	具有枸杞应有的滋味、气味
不完善粒质量分数/%	≤1.0	≤1.5	≤3.0	≤3.0
无使用价值颗粒	不允许有	不允许有	不允许有	不允许有

4.2 理化指标

理化指标应符合表 2 的规定。

表 2 理化指标

项 目	等级及指标			
	特优	特级	甲级	乙级
粒度/(粒/50 g)	≤280	≤370	≤580	≤900
枸杞多糖/(g/100 g)	≥3.0	≥3.0	≥3.0	≥3.0
水分/(g/100 g)	≤13.0	≤13.0	≤13.0	≤13.0
总糖(以葡萄糖计)/(g/100 g)	≥45.0	≥39.8	≥24.8	≥24.8
蛋白质/(g/100 g)	≥10.0	≥10.0	≥10.0	≥10.0

表 2（续）

项 目	等级及指标			
	特优	特级	甲级	乙级
脂肪/(g/100 g)	≤5.0	≤5.0	≤5.0	≤5.0
灰分/(g/100 g)	≤6.0	≤6.0	≤6.0	≤6.0
百粒重/(g/100 粒)	≥17.8	≥13.5	≥8.6	≥5.6

5 试验方法

5.1 感官检验

按 SN/T 0878 规定执行。

5.2 粒度、百粒重的测定

按 SN/T 0878 规定执行。

5.3 枸杞多糖的测定

按附录 A 规定执行。

5.4 水分的测定

按 GB 5009.3 减压干燥法或蒸馏法规定执行。

5.5 总糖的测定

按附录 B 规定执行。

5.6 蛋白质的测定

按 GB 5009.5 规定执行。

5.7 脂肪的测定

按 GB/T 5009.6 规定执行。

5.8 灰分的测定

按 GB 5009.4 规定执行。

6 检验规则

6.1 组批

由相同的加工方法生产的同一批次、同一品种、同一等级的产品为一批产品。

6.2 抽样

从同批产品的不同部位经随机抽取 1‰，每批至少抽 2 kg 样品，分别做感官、理化检验，留样。

6.3 检验分类

6.3.1 出厂检验

出厂检验项目包括:感官指标、粒度、百粒重、水分。产品经生产单位质检部门检验合格附合格证,方可出厂。

6.3.2 型式检验

型式检验每年进行一次,在有下列情况之一时应随时进行:

a) 新产品投产时;

b) 原料、工艺有较大改变,可能影响产品质量时;

c) 出厂检验结果与上次型式检验结果差异较大时;

d) 质量监督机构提出要求时。

6.4 判定规则

型式检验项目如有一项不符合本标准,判该批产品为不合格,不得复验。出厂检验如有不合格项时,则应在同批产品中加倍抽样,对不合格项目复验,以复验结果为准。

7 标志、包装、运输和贮存

7.1 标志

标志应符合 GB 7718 的规定。

7.2 包装

7.2.1 包装容器(袋)应用干燥、清洁、无异味并符合国家食品卫生要求的包装材料。

7.2.2 包装要牢固、防潮、整洁、美观、无异味,能保护枸杞的品质,便于装卸、仓储和运输。

7.2.3 预包装产品净含量允差应符合《定量包装商品计量监督管理办法》的规定。

7.3 运输

运输工具应清洁、干燥、无异味、无污染。运输时应防雨防潮,严禁与有毒、有害、有异味、易污染的物品混装、混运。

7.4 贮存

产品应贮存于清洁、阴凉、干燥、无异味的仓库中。不得与有毒、有害、有异味及易污染的物品共同存放。

附 录 A

（规范性附录）

枸杞多糖测定

A.1 原理

用 80％乙醇溶液提取以除去单糖、低聚糖、甙类及生物碱等干扰性成分，然后用水提取其中所含的多糖类成分。多糖类成分在硫酸作用下，先水解成单糖，并迅速脱水生成糖醛衍生物，然后和苯酚缩合成有色化合物，用分光光度法于适当波长处测定其多糖含量。

A.2 仪器和设备

A.2.1 实验室用样品粉碎机。

A.2.2 分析天平，感量 0.000 1 g。

A.2.3 分光光度计，用 10 mm 比色杯，可在 490 nm 下测吸光度。

A.2.4 玻璃回流装置。

A.2.5 电热恒温水浴。

A.2.6 玻璃仪器，250 mL 容量瓶、各规格移液管、25 mL 具塞试管。

A.3 试剂配制

除非另有说明，在分析中仅使用确认为分析纯的试剂和 GB/T 6682 中规定的至少三级的水。

A.3.1 80％乙醇溶液：用 95％乙醇或无水乙醇加适量水配制。

A.3.2 硫酸。

A.3.3 苯酚液：取苯酚 100 g，加铝片 0.1 g 与碳酸氢钠 0.05 g，蒸馏收集 172 ℃馏分，称取此馏分 10 g，加水 150 mL，置于棕色瓶中即得。

A.4 试样的选取和制备

取具有代表性试样 200 g，用四分法将试样缩减至 100 g，粉碎至均匀，装于袋中置干燥皿中保存，防止吸潮。

A.5 测定步骤

A.5.1 样品溶液的制备

准确称取样品粉末 0.4 g（精确到 0.000 1 g），置于圆底烧瓶中，加 80％乙醇溶液 200 mL，回流提取 1 h，趁热过滤，烧瓶用 80％热乙醇溶液洗涤 3 次～4 次，残渣用 80％热乙醇溶液洗涤 8 次～10 次，每次约 10 mL，残渣用热水洗至原烧瓶中，加水 100 mL，加热回流提取 1 h，趁热过滤，残渣用热水洗涤 8 次～10 次，每次约 10 mL，洗液并入滤液，冷却后移入 250 mL 容量瓶中，用水定容，待测。

A.5.2 标准曲线的绘制

准确称取 105 ℃干燥恒重的标准葡萄糖 0.1 g（精确到 0.000 1 g），加水溶解并定容至 1 000 mL。准确吸取此标准溶液 0.1、0.2、0.4、0.6、0.8、1.0 mL 分置于具塞试管中，各加水至 2.0 mL，再各加苯酚液 1.0 mL，摇匀，迅速滴加硫酸 5.0 mL，摇匀后放置 5 min，置沸水浴中加热 15 min，取出冷却至室温；另以水 2 mL 加苯酚和硫酸，同上操作为空白对照，于 490 nm 处测定吸光度，绘制标准曲线。

A.5.3 试样的测定

准确吸取待测液一定量（视待测液含量而定），加水至 2.0 mL，以下操作按标准曲线绘制的方法测定吸光度，根据标准曲线查出吸取的待测液中葡萄糖的质量。

A.6 测定结果的计算

A.6.1 计算公式

多糖含量按式（A.1）计算：

$$w = \frac{\rho \times 250 \times f}{m \times V \times 10^6} \times 100 \qquad\qquad\qquad\qquad (\text{A.1})$$

式中：

w ——多糖含量，单位为克每百克（g/100 g）；

ρ ——吸取的待测液中葡萄糖的质量，单位为微克（μg）；

f ——3.19，葡萄糖换算多糖的换算因子；

m ——试样质量，单位为克（g）；

V ——吸取待测液的体积，单位为毫升（mL）。

A.6.2 重复性

每个试样取两个平行样进行测定，以其算术平均值为测定结果，小数点后保留 2 位。在重复条件下两次独立测定结果的绝对差值不得超过算术平均值的 10％。

附　录　B

（规范性附录）

总　糖　测　定

B.1　原理

在沸热条件下，用还原糖溶液滴定一定量的费林试剂时，将费林试剂中的二价铜还原为一价铜，以亚甲基蓝为指示剂，稍过量的还原糖立即使蓝色的氧化型亚甲基蓝还原为无色的还原型亚甲基蓝。

B.2　仪器设备

B.2.1　实验室用样品粉碎机。

B.2.2　电热恒温水浴。

B.2.3　100 W～200 W 小电炉。

B.2.4　玻璃仪器：100 mL、250 mL 容量瓶，250 mL 锥形瓶，半微量滴定管。

B.3　试剂配制

除非另有说明，在分析中仅使用确认为分析纯的试剂和 GB/T 6682 中规定的至少三级的水。

B.3.1　费林试剂甲液：称取 34.6 g 硫酸铜（$CuSO_4 \cdot 5H_2O$）溶于水中并定容至 500 mL，贮存于棕色瓶中。

B.3.2　费林试剂乙液：称取 173 g 酒石酸钾钠及 50 g 氢氧化钠，溶于水中并定容至 500 mL，贮存于橡胶塞试剂瓶中。

B.3.3　乙酸锌溶液：称取 21.9 g 乙酸锌，溶于水中，加入 3 mL 冰乙酸，加水定容至 100 mL。

B.3.4　10% 亚铁氰化钾溶液：称取 10.0 g 亚铁氰化钾溶于水中并定容至 100 mL。

B.3.5　6 mol/L 盐酸：量取 50 mL 浓盐酸（相对密度 1.19），加水定容至 100 mL。

B.3.6　200 g/L 氢氧化钠溶液：称取 20 g 氢氧化钠溶于水中并定容至 100 mL。

B.3.7　0.1% 甲基红溶液：称取 0.1 g 甲基红溶于乙醇中并定容至 100 mL。

B.3.8　亚甲基蓝指示剂：称取 0.1 g 亚甲基蓝溶于水中并定容至 100 mL。

B.3.9　葡萄糖标准溶液：精密称取 1 g（精确到 0.000 1 g），经过 98 ℃～100 ℃干燥至恒重的葡萄糖，加适量水溶解，再加入 5 mL 盐酸，加水定容至 1 000 mL。此溶液每毫升相当于 1 mg 葡萄糖。

B.4　样品溶液制备

B.4.1　取具有代表性试样 200 g，用四分法将试样缩减至 100 g，粉碎至均匀，准确称取 2.00 g～3.00 g 样品，转入 250 mL 容量瓶中，加水至容积约为 200 mL，置 80 ℃±2 ℃水浴保温 30 min，期间摇动数次，取出冷却至室温，加入乙酸锌及亚铁氰化钾溶液各 5 mL 摇匀，用水定容。过滤（弃去初滤液约 30 mL），滤液备用。

B.4.2　吸取滤液 50 mL 于 100 mL 容量瓶中，加入 6 mol/L 盐酸 10 mL，在 75 ℃～80 ℃水浴中加热水解 15 min，取出冷却至室温，加甲基红指示剂一滴，用 200 g/L 氢氧化钠溶液中和，然后用水定容，备用。

GB/T 18672—2014

B.5 测定步骤

B.5.1 标定碱性酒石酸铜溶液

吸取费林试剂甲液、乙液各 2.0 mL，置于 250 mL 锥形瓶中，再补加 15.0 mL 葡萄糖标准溶液，从滴定管中加入比预测量少 1 mL～2 mL 葡萄糖标准溶液，将此混合液置于小电炉加热煮沸，立即加入亚甲基蓝指示剂 5 滴，并继续以 2 滴/s～3 滴/s 的滴速滴定至二价铜离子完全被还原生成砖红色氧化亚铜沉淀，溶液蓝色褪尽为终点，记录消耗葡萄糖标准溶液总体积(V_0)。

B.5.2 样品溶液测定

吸取费林试剂甲液、乙液各 2.0 mL，置于 250 mL 锥形瓶中，再吸待测液 5.0 mL～10.0 mL(V_1)(吸取量视样品含量高低而定)，补加适量葡萄糖标准溶液(如果样品含量高则不补加)，然后从滴定管中加入比预测量少 1 mL～2 mL 的葡萄糖标准溶液，将此混合液置于小电炉加热煮沸，立即加入亚甲基蓝指示剂 5 滴，并继续以 2 滴/s～3 滴/s 的滴速滴定至二价铜离子完全被还原生成砖红色氧化亚铜沉淀，溶液蓝色褪尽为终点，记录消耗葡萄糖标准溶液总体积(V_2)。

B.6 测定结果的计算

B.6.1 计算公式

总糖含量按式(B.1)计算：

$$w = \frac{(V_0 - V_2) \times \rho \times A \times 250}{m \times V_1 \times 10^3} \times 100 \quad\quad\quad (B.1)$$

式中：

w ——总糖含量(以葡萄糖计)，单位为克每百克(g/100 g)；

V_0 ——标定费林试剂消耗的葡萄糖标准溶液总体积，单位为毫升(mL)；

V_1 ——吸取样品溶液体积，单位为毫升(mL)；

V_2 ——样品溶液所消耗的葡萄糖标准溶液总体积，单位为毫升(mL)；

250 ——定容体积，单位为毫升(mL)；

A ——稀释倍数；

m ——样品质量单位为克(g)；

ρ ——葡萄糖标准溶液的质量浓度，单位为克每升(g/L)；

10^3 ——由毫克换算为克时的系数。

B.6.2 重复性

每个试样取两个平行样进行测定，以其算术平均值为测定结果，小数点后保留 1 位。在重复条件下两次独立测定结果的绝对差值不得超过算术平均值的 10%。

12

ICS 65.020
B 04

DB64

宁 夏 回 族 自 治 区 地 方 标 准

DB64/T 1639—2019

宁夏枸杞标准体系建设指南

Guide for standard system construction on Ningxia Lycium

2019-05-30 发布

2019-08-30 实施

宁夏回族自治区市场监督管理厅   发 布

前　言

本标准按照 GB/T 1.1—2009 给出的规则起草。

本标准由宁夏枸杞产业发展中心提出。

本标准由宁夏回族自治区林业和草原局归口。

本标准起草单位：宁夏回族自治区标准化院、宁夏枸杞产业发展中心、宁夏食品安全协会、宁夏农林科学院农产品质量标准与检测技术研究所。

本标准主要起草人：丁晖、祁伟、塔娜、李惠军、张慧玲、张艳、王广森、乔彩云、马利奋、胡学玲、张雨、王香瑜。

宁夏枸杞标准体系建设指南

1 范围

本标准规定了宁夏枸杞标准体系(以下简称体系)的要求、结构、编写、评价及改进。

本标准适用于宁夏枸杞产业标准体系建设。

2 规范性引用文件

下列文件对于本文件的应用是必不可少的。凡是注日期的引用文件,仅注日期的版本适用于本文件。凡是不注日期的引用文件,其最新版本(包括所有的修改单)适用于本文件。

GB/T 1.1　标准化工作导则　第1部分:标准的结构和编写

GB/T 13016　标准体系构建原则和要求

GB/T 13017　企业标准体系表编制指南

3 术语和定义

下列术语和定义适用于本文件。

3.1

宁夏枸杞标准体系

宁夏枸杞产业领域的相关标准按其内在联系形成的科学的有机整体。

4 标准体系要求

4.1 基本要求

4.1.1　体系应满足宁夏枸杞产业实现长远发展目标的需要,能够促进管理科学有序、企业提高产品质量、科技创新和经济效益的目的。

4.1.2　体系内的标准应符合宁夏枸杞产业发展的特点,充分考虑服务市场和消费者的需求,结合生产企业与管理的需要制定。

4.1.3　标准体系表应力求全面成套,要充分贯彻国家标准、行业标准和地方标准,凡是生产、技术和经营管理所需要的标准均应纳入体系,并保证其有效实施。

4.1.4　体系中每一项标准都要根据其适用范围,恰当地安排在不同层次和位置上,其上下、左右关系要理顺。上下是从属关系,下层标准要服从上层标准,左右是协调与服务关系。体系结构应在本标准确定的框架基础上,结合宁夏枸杞产业实际情况进行删减、扩充和合并。

4.1.5　体系中每一项标准所属类别的划分要明确,应按标准的功能划分,避免将应该制定成一项标准的同一事物或概念,由两项以上标准同时重复制定或无人制定。

4.1.6　应按照GB/T 1.1的要求编写各类标准。

4.2 标准体系建设要求

4.2.1 宁夏枸杞标准体系表可采用层次结构,标准体系表的编制应符合 GB/T 13016 和 GB/T 13017 的要求。

4.2.2 标准体系结构图应符合 4.1 的要求。

5 标准体系结构

5.1 标准体系结构框架

宁夏枸杞标准体系结构框架图见图1,宁夏枸杞标准体系表见附录 A 中表 A.1。

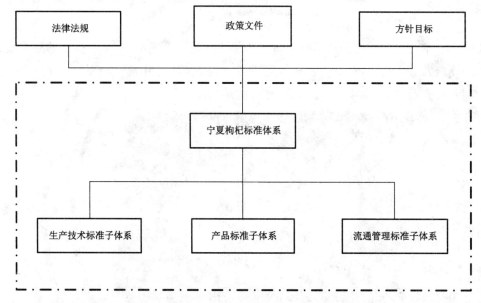

注:虚线内的为标准体系边界范围。

图 1 宁夏枸杞标准体系框架图

5.2 标准体系结构要求

5.2.1 体系内的标准之间应相互协调,应与已建立的管理系统相协调,形成相互依存、相互制约关系,以发挥体系的整体效能,并对其提供支持。

5.2.2 体系结构可根据宁夏枸杞产业特点、市场需求和科技发展,进行适当地增加和删减,但应确保符合法律法规的要求,以及不能影响体系的系统性和有效性。

5.2.3 体系结构应科学合理、层次分明、内容具体,具有可操作性和可评价性。

5.2.4 体系结构中的标准存在形式可以是标准、规程、规范、准则、守则、方法等。

5.2.5 文字表达应准确、严谨、简明、易懂,术语、符号、代号应统一。

6 标准体系编写

6.1 生产技术标准子体系

6.1.1 生产技术标准子体系结构见图2。

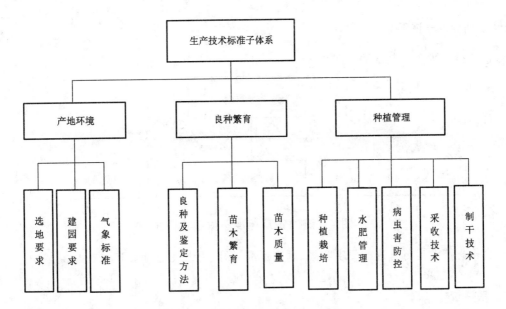

图 2 生产技术标准子体系结构图

6.1.2 结合枸杞生产技术的要求收集、制定标准,标准明细表见附录 B 中表 B.1,包括但不限于以下内容的标准:

   a) 产地环境;

   b) 良种繁育;

   c) 种植栽培;

   d) 水肥管理;

   e) 病虫害防控;

   f) 采收技术;

   g) 制干技术。

6.2 产品标准子体系

6.2.1 产品标准子体系结构见图 3。

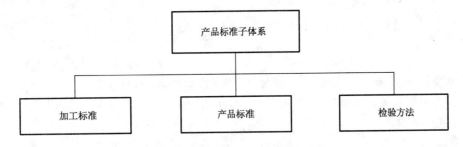

图 3 产品标准子体系结构图

6.2.2 结合枸杞产品标准的种类和要求收集、制定标准,标准明细表见附录 B 中表 B.2,包括但不限于以下内容的标准:

   a) 加工;

   b) 产品;

   c) 检验方法。

6.3 流通管理标准子体系

6.3.1 流通管理标准子体系结构见图4。

图 4 流通管理标准子体系结构图

6.3.2 结合枸杞产业运行管理的要求收集、制定标准，标准明细表见附录B中表B.3。

7 标准体系评价

7.1 标准体系评价的原则与依据如下：
    a) 坚持以事实和客观证据为判定依据的原则；
    b) 坚持标准与实际相对应的原则；
    c) 坚持独立、公正、效率的原则；
    d) 以法律、法规以及相关的国家、行业和地方标准为依据；
    e) 以宁夏枸杞产业的发展目标为依据。

7.2 标准体系评价的要求如下：
    a) 规范性：包括标准体系结构图、明细表及标准文本的评价；
    b) 完整性：包括枸杞产业的基本管理及加工、流通管理全过程评价；
    c) 协调性：体系内的标准文本应符合法律法规、政策规划、国家标准、行业标准和地方标准等文件的要求，体系内的标准文本应相互协调；
    d) 有效性：体系内的标准文本应为现行有效的标准，标准的制定、修订及管理应符合相关法律法规和标准的规定，体系内的标准文本在执行过程中，应达到编制该标准文本预期的目的；
    e) 技术先进性或科学性。

8 标准体系改进

8.1 信息来源包括，但不限于产业政策、国家标准、产品检验报告、相关方意见。

8.2 对数据进行分析和试验，确定发生现有问题、潜在问题的原因，对体系文件进行修改，同时对改进过程的有效性进行跟踪评价。

附 录 A

（规范性附录）

宁夏枸杞标准体系表

宁夏枸杞标准体系表详见表 A.1。

表 A.1 宁夏枸杞标准体系表

第一层级	第二层级	第三层级
1 生产技术	1.1 产地环境	选地、建园、气象
	1.2 良种繁育	良种及鉴定方法、苗木繁育、苗木质量
	1.3 种植管理	种植栽培、水肥管理、病虫害防控、采收、制干
2 产品	2.1 加工	加工工艺
	2.2 产品	产品标准
	2.3 检验方法	检验方法标准
3 流通管理	3.1 包装、储运	包装、储运
	3.2 交易市场管理规范	交易市场管理规范
	3.3 产品追溯	信息系统技术要求、追溯要求

附　录　B
（规范性附录）
宁夏枸杞标准体系明细表

B.1　生产技术标准体系明细表

生产技术标准体系明细见表 B.1。

表 B.1　生产技术标准子体系明细表

类目	标准编号	标准/计划名称	制/修订状态
选地、建园、气象	GB 3095	环境空气质量标准	现行
	GB 5084	农田灌溉水质标准	现行
	GB 15618	土壤环境质量　农用地土壤污染风险管控标准（试行）	现行
	NY/T 1054	绿色食品　产地环境调查、监测与评价规范	现行
	NY/T 391	绿色食品　产地环境质量	现行
	DB64/T ××××	有机食品　产地环境质量	待制定
	QX/T 282	农业气象观测规范　枸杞	现行
	QX/T 283	枸杞炭疽病发生气象等级	现行
	DB64/T ××××	气候评价指标　枸杞	待制定
良种及鉴定方法	DB64/T 478	宁杞 4 号　枸杞栽培技术规程	现行
	DB64/T 771	宁杞 5 号　枸杞栽培技术规程	现行
	DB64/T 772	宁杞 7 号　枸杞栽培技术规程	现行
	DB64/T 1005	宁杞 6 号　枸杞栽培技术规程	现行
	DB64/T 1207	宁杞 8 号　枸杞栽培技术规程	现行
	DB64/T 1208	宁杞 9 号　枸杞栽培技术规程	现行
	DB64/T 1568	宁农杞 9 号　枸杞栽培技术规程	现行
	DB64/T ××××	宁杞 10 号　枸杞栽培技术规程	待制定
	LY/T 2099	植物新品种特异性、一致性、稳定性测试指南　枸杞属	现行
	NY/T 2528	植物新品种特异性、一致性和稳定性测试指南　枸杞	现行
	DB64/T 1203	枸杞品种鉴定技术规程 SSR 分子标记法	现行
	DB64/T 1575	枸杞品种抗性鉴定　枸杞瘿螨	现行
苗木质量	DB64/T 676	枸杞苗木质量	现行
	DB64/T 1206	枸杞良种采穗圃营建技术规程	现行
	DB64/T 1209	枸杞周年扦插育苗技术规程	现行

表 B.1（续）

类目	标准编号	标准/计划名称	制/修订状态
种植栽培	DB64/T 500	有机枸杞生产技术规程	现行
	DB64/T 1141	枸杞促早栽培技术规程	现行
	DB64/T 677	清水河流域枸杞规范化种植技术规程	现行
	DB64/T 940	宁夏枸杞栽培技术规程	现行
	DB64/T 1074	中部干旱带枸杞栽培技术规程	现行
	DB64/T 1205	枸杞鲜果秋延后栽培技术规程	现行
	DB64/T 1212	枸杞篱架栽培技术规程	现行
	DB64/T ××××	枸杞整形修芽技术规程	待制定
水肥管理	DB64/T 1086	绿色食品(A级)宁夏枸杞肥料安全使用准则	现行
	DB64/T 1204	枸杞水肥一体化技术规程	现行
病虫害防控	DB64/T 554	枸杞红瘿蚊地膜覆盖防治操作技术	现行
	DB64/T 555	枸杞蓟马诱粘防治操作技术	现行
	DB64/T 852	枸杞病虫害监测预报技术规程	现行
	DB64/T 853	枸杞蓟马防治农药安全使用技术规程	现行
	DB64/T 1087	绿色食品(A级)宁夏枸杞农药安全使用准则	现行
	DB64/T 1211	枸杞实蝇绿色防控技术规程	现行
	DB64/T 1213	枸杞病虫害防治农药安全使用规范	现行
	DB64/T 1576	枸杞虫害生态调控技术规程	现行
	DB64/T ××××	宁夏枸杞生产农药使用准则(推荐农药品种指导目录)	待制定
	DB64/T ××××	枸杞病虫害五步法绿色防控技术规程	待制定
	DB64/T ××××	枸杞植保农机农艺融合技术规程	待制定
制干	NY/T 2966	枸杞干燥技术规范	现行
	DB64/T ××××	枸杞冷冻干燥技术规程	待制定

B.2 产品标准子体系明细表

产品标准子体系明细见表 B.2。

表 B.2 产品标准子体系明细表

类目	标准编号	标准/计划名称	制/修订状态
加工标准	DB64/T ××××	枸杞加工企业良好操作规范	待制定
产品标准	DBS64/ 001	食品安全地方标准 枸杞	现行
	GB/T 18672	枸杞	现行
	GB/T 19742	地理标志产品 宁夏枸杞	现行

表 B.2（续）

类目	标准编号	标准/计划名称	制/修订状态
产品标准	NY/T 1051	绿色食品　枸杞及枸杞制品	现行
	GB 2760	食品安全国家标准　食品添加剂使用标准	现行
	DB64/T ××××	宁夏枸杞农药残留限量	待制定
	QB/T 5176	枸杞多糖	现行
	DBS64/ 412	食品安全地方标准　超临界 CO_2 萃取枸杞籽油	现行
	DBS64/ 515	食品安全地方标准　枸杞果酒	现行
	DBS64/ 517	食品安全地方标准　枸杞白兰地	现行
	DBS64/ 684	食品安全地方标准　枸杞茶	现行
	GB 7718	食品安全国家标准　预包装食品标签通则	现行
	GB 28050	食品安全国家标准　预包装食品营养标签通则	现行
	NY/T 658	绿色食品　包装通用准则	现行
	NY/T 1056	绿色食品　贮藏运输准则	现行
检验方法	GB 23200.10	食品安全国家标准　桑枝、金银花、枸杞子和荷叶中488种农药及相关化学品残留量的测定　气相色谱-质谱法	现行
	GB 23200.11	食品安全国家标准　桑枝、金银花、枸杞子和荷叶中413种农药及相关化学品残留量的测定　液相色谱-质谱法	现行
	NY/T 2947	枸杞中甜菜碱含量的测定　高效液相色谱法	现行
	SN/T 0878	进出口枸杞子检验规程	现行
	DB64/T 675	枸杞中二氧化硫快速测定方法	现行
	DB64/T 1082	枸杞中总黄酮含量的测定-分光光度比色法	现行
	DB64/T 1139	枸杞中总黄酮含量的测定　高效液相色谱法	现行
	DB64/T 1514	枸杞及枸杞籽油中玉米黄质、β-胡萝卜素和叶黄素的测定	现行
	DB64/T 1577	枸杞子甜菜碱含量的测定　高效液相色谱-蒸发光散射法	现行

B.3　流通管理标准子体系明细表

流通管理标准子体系明细见表 B.3。

表 B.3　流通管理标准子体系明细表

类目	标准编号	标准/计划名称	制/修订状态
包装储运	DB64/T ××××	枸杞包装通则	待制定
	DB64/T ××××	枸杞贮存要求	待制定

表 B.3（续）

类目	标准编号	标准/计划名称	制/修订状态
交易市场管理规范	DB64/T ××××	枸杞交易市场建设和经营管理规范	待制定
产品追溯	DB64/T ××××	宁夏枸杞追溯要求	待制定

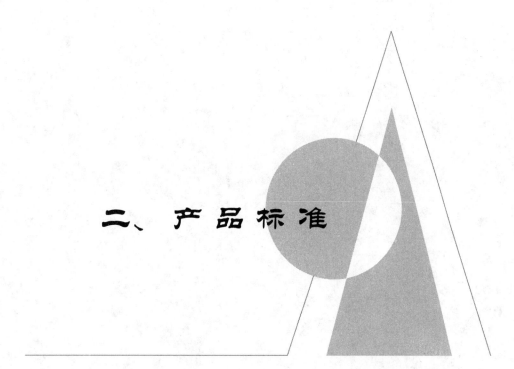

二、产品标准

ICS 65.020
B 09

DBS64

宁 夏 回 族 自 治 区 地 方 标 准

DBS64/ 001—2017

食品安全地方标准
枸　杞

2017-01-01 发布   2017-06-01 实施

宁夏回族自治区卫生和计划生育委员会　发布

前　言

本标准按照 GB/T 1.1—2009 给出的规则起草。

本标准由宁夏回族自治区卫生和计划生育委员会提出并归口。

本标准起草单位:宁夏食品检测中心、宁夏农林科学院农产品质量标准与检测技术研究所、宁夏卫生和计划生育监督局、宁夏疾病预防控制中心、百瑞源枸杞股份有限公司。

本标准主要起草人:谢鹏、张艳、张慧玲、吴明、樊桂红、黄锋、詹军、张金宏、马桂娟、李京宁、吴少涛、高俊峰。

食品安全地方标准
枸　杞

1　范围

本标准规定了枸杞的技术要求、食品添加剂、生产加工过程的卫生要求、试验方法、检验规则和标志、包装、运输、贮存。

本标准适用于经干燥加工制成的各品种的枸杞成熟果实。

2　规范性引用文件

下列文件对于本文件的应用是必不可少的。凡是注日期的引用文件,仅注日期的版本适用于本文件。凡是不注日期的引用文件,其最新版本(包括所有的修改单)适用于本文件。

GB 2760　食品安全国家标准　食品添加剂使用标准

GB 5009.12　食品安全国家标准　食品中铅的测定

GB 5009.15　食品安全国家标准　食品中镉的测定

GB 5009.34　食品安全国家标准　食品中二氧化硫的测定

GB 7718　食品安全国家标准　预包装食品标签通则

GB 14881　食品安全国家标准　食品生产通用卫生规范

GB/T 18672　枸杞

GB 23200.10　食品安全国家标准　桑枝、金银花、枸杞子和荷叶中 488 种农药及相关化学品残留量的测定　气相色谱-质谱法

GB 23200.11　食品安全国家标准　桑枝、金银花、枸杞子和荷叶中 413 种农药及相关化学品残留量的测定　液相色谱-质谱法

GB 29921　食品安全国家标准　食品中致病菌限量

《定量包装商品计量监督管理规定》(国家质量监督检验检疫总局令(2005)第 75 号)

3　技术要求

3.1　原料要求

原料应符合相应的食品安全标准和有关规定。

3.2　感官要求

应符合 GB/T 18672 中 4.1 的规定。

3.3　理化指标

应符合 GB/T 18672 中 4.2 的规定。

3.4 食品安全指标

食品安全指标应符合表1的规定。

表 1 食品安全指标

项　目	指　标
铅(以 Pb 计)/(mg/kg)	≤1.0
镉(以 Cd 计)/(mg/kg)	≤0.3
二氧化硫/(mg/kg)	≤50
啶虫脒/(mg/kg)	≤2.0
吡虫啉/(mg/kg)	≤1.0
毒死蜱/(mg/kg)	≤0.1
多菌灵/(mg/kg)	≤1.0
氯氰菊酯/(mg/kg)	≤2.0
氯氟氰菊酯/(mg/kg)	≤0.2
氯戊菊酯/(mg/kg)	≤0.2
苯甲环唑/(mg/kg)	≤0.1
克百威/(mg/kg)	≤0.02
哒螨灵/(mg/kg)	≤0.5
致病菌	应符合 GB 29921 即食果蔬制品规定
注 1：根据《中华人民共和国农药管理条例》,剧毒和高毒农药不得在生产中使用。 注 2：如食品安全国家标准及相关国家规定中上述检验项目和限量值有调整,且严于本标准规定,按最新国家标准及规定执行。	

4 食品添加剂

4.1 食品添加剂质量应符合相应的标准和有关规定。

4.2 食品添加剂的品种和使用量应符合 GB 2760 的规定。

5 生产加工过程的卫生要求

应符合 GB 14881 的规定。

6 试验方法

6.1 感官要求、理化指标按 GB/T 18672 规定方法检验。

6.2 铅按 GB 5009.12 规定方法检验。

6.3 镉按 GB 5009.15 规定方法检验。

6.4 二氧化硫按 GB 5009.34 规定方法检验。

6.5 农药残留按 GB 23200.10 或 GB 23200.11 规定方法检验。本标准规定的农药残留限量检测方法,如有其他国家标准、行业标准以及部门公告的检测方法,且其检出限和定量限能满足限量值要求时,在检测时可采用。

6.6 致病菌按 GB 29921 规定方法检验。

7 检验规则

7.1 组批

由相同的加工方法生产的同一批次、同一品种、同一质量等级的产品为一批。

7.2 抽样

从同批产品中随机抽取 1‰,每批抽取样品为 16 个最小包装(总量不少于 2 kg)。

7.3 检验分类

7.3.1 出厂检验

出厂检验项目包括:净含量、感官指标、粒度、百粒重、水分、二氧化硫。每批产品须经检验合格后,附有合格证方可出厂。

7.3.2 型式检验

型式检验每年进行一次,在有下列情况之一时亦应随时进行:

a) 新产品投产时;

b) 原料、工艺有较大改变,可能影响产品质量时;

c) 出厂检验结果与上次型式检验结果差异较大时;

d) 监管部门提出要求时。

7.3.3 判定规则

型式检验如有一项不符合本标准,判定该批产品为不合格,不得复验。出厂检验时如有不合格项,则应在同批产品中加倍抽样,对不合格项目复验,以复验结果为准。

8 标志、包装、运输、贮存

8.1 标志

标志应符合 GB 7718 的规定。

8.2 包装

应使用符合国家食品卫生要求的包装材料,包装严密,能保护产品质量。包装定量误差应符合《定量包装商品计量监督管理规定》的要求。

8.3 运输

应使用食品专用运输车,运输中应防止日晒、雨淋。不得与有毒、有害及有异味的物品一同运输。

8.4 贮存

应贮存在清洁、卫生、阴凉、干燥处。不得与有毒、有害及有异味的物品一同存放。产品码放应离地面 10 cm 以上,离墙壁 20 cm 以上。

ICS 65.020
B 09

DBS64

宁夏回族自治区地方标准

DBS64/ 412—2016

食品安全地方标准
超临界 CO_2 萃取枸杞籽油

2016-01-01 发布
2016-06-30 实施

宁夏回族自治区卫生和计划生育委员会 发 布

前　　言

本标准按照 GB/T 1.1—2009 给出的规定起草。

本标准代替 DB64/ 412—2005《超临界 CO$_2$ 萃取枸杞籽油卫生标准》。

本标准与 DB64/ 412—2005 相比,除编辑性修改外主要技术变化如下:

——修改了标准名称;

——增加了特征性指标;

——增加了质量指标;

——修改了酸值的限量指标;

——完善了食品安全要求。

本标准由宁夏回族自治区卫生和计划生育委员会提出并归口。

本标准起草单位:宁夏食品检测中心、宁夏卫生和计划生育监督局、宁夏疾病预防控制中心、银川泰丰生物科技有限公司、宁夏杞明生物食品有限公司、宁夏沃福百瑞枸杞产业股份有限公司。

本标准主要起草人:张慧玲、吴明、樊桂红、黄锋、詹军、赵生银、马桂娟、高琳、龚慧、李京平、吴少涛、李谦、杨建兴、张茹、龚艳茹、高俊峰、邓军、张金宏、王玉玲、毛忠英、潘泰安。

食品安全地方标准
超临界 CO_2 萃取枸杞籽油

1 范围

本标准规定了超临界 CO_2 萃取枸杞籽油的术语和定义、技术要求、食品添加剂、生产加工过程的卫生要求、检验方法、检验规则和标志、包装、运输、贮存。

本标准适用于以枸杞籽为原料，经超临界 CO_2 萃取工艺制取的食用枸杞籽油。

2 规范性引用文件

下列文件对于本文件的应用是必不可少的。凡是注日期的引用文件，仅注日期的版本适用于本文件。凡是不注日期的引用文件，其最新版本（包括所有的修改单）适用于本文件。

GB 2716 食用植物油卫生标准

GB 2760 食品安全国家标准 食品添加剂使用标准

GB/T 5009.37 食用植物油卫生标准的分析方法

GB/T 5524 动植物油脂 扦样

GB/T 5525 植物油脂 透明度、气味、滋味鉴定法

GB/T 5526 植物油脂检验 比重测定法

GB/T 5527 动植物油脂 折光指数的测定

GB/T 5528 动植物油脂 水分及挥发物含量测定

GB/T 5529 植物油脂检验 杂质测定法

GB/T 5530 动植物油脂 酸值和酸度测定

GB/T 5532 动植物油脂 碘值的测定

GB/T 5534 动植物油脂 皂化值的测定

GB/T 5535.1 动植物油脂 不皂化物测定 第1部分：乙醚提取法

GB/T 5535.2 动植物油脂 不皂化物测定 第2部分：己烷提取法

GB/T 5538 动植物油脂 过氧化值测定

GB/T 5539 粮油检验 油脂定性试验

GB 7718 食品安全国家标准 预包装食品标签通则

GB 8955 食用植物油厂卫生规范

GB 14881 食品安全国家标准 食品生产通用卫生规范

GB/T 17374 食用植物油销售包装

GB/T 17376 动植物油脂 脂肪酸甲酯制备

GB/T 17377 动植物油脂 脂肪酸甲酯的气相色谱分析

GB 28050 食品安全国家标准 预包装食品营养标签通则

《定量包装商品计量监督管理规定》（国家质量监督检验检疫总局令（2005）第75号）

3 术语和定义

下列术语和定义适用于本文件。

3.1

超临界 CO₂ 萃取 supercritical carbon dioxide extraction

在超临界状态下以二氧化碳为溶剂,利用其高渗透性和高溶解能力来提取分离混合物的过程。

3.2

超临界 CO₂ 萃取枸杞籽油 supercritical carbon dioxide extraction wolfberry seed oil

以枸杞籽为原料,采用超临界 CO₂ 萃取工艺制取的食用枸杞籽油。

3.3

折光指数 refractive index

光线从空气中射入油脂时,入射角与折射角的正弦之比值。

3.4

相对密度 relative density

规定温度下的植物油的质量与同体积 20 ℃蒸馏水的质量之比值。

3.5

碘值 iodine value

在规定条件下与 100 g 油脂发生加成反应所需碘的克数。

3.6

皂化值 saponification value

皂化 1 g 油脂所需的氢氧化钾毫克数。

3.7

不皂化物 unsaponifiable matter

油脂中不与碱起作用,溶于醚、不溶于水的物质,包括甾醇、脂溶性维生素和色素等。

3.8

脂肪酸 fatty acid

脂肪族一元羧酸的总称,通式为 R-COOH。

3.9

色泽 colour

油脂本身带有的颜色和光浮,主要来自于油料中的油溶性色素。

3.10

透明度 transparency

油脂可透过光线的程度。

3.11

水分及挥发物 moisture and volatile matter

油脂在一定的温度条件下加热损失的物质。

3.12

不溶性杂质 insoluble impurity

油脂中不溶于石油醚等有机溶剂的物质。

3.13

酸值 acid value

中和 1 g 油脂中所含游离脂肪酸需要的氢氧化钾毫克数。

3.14

过氧化值 peroxide value

100 g 油脂中过氧化物的克数。

4 技术要求

4.1 特征指标

特征指标见表1。

表 1 特征指标

项 目		指 标
折光指数(n^{20})		1.475 5～1.476 5
相对密度(d_{20}^{20})		0.922 4～0.924 3
碘值/(g/100 g)		124～149
皂化值(以 KOH 计)/(mg/g)		181～194
不皂化物/(g/kg)		≤18
脂肪酸组成	棕榈酸($C_{16:0}$)/%	6.0～7.0
	硬脂酸($C_{18:0}$)/%	3.0～4.0
	油酸($C_{18:1}$)/%	19.0～23.0
	亚油酸($C_{18:2}$)/%	63.0～67.0
	γ-亚麻酸($C_{18:3}$)/%	2.0～3.0
	α-亚麻酸($C_{18:3}$)/%	0.5～1.5

4.2 质量指标

质量指标见表2。

表 2 质量指标

项 目	指 标
色泽	橙黄色或橙红色,色泽均匀
气味、滋味	具有枸杞籽油固有的气味和滋味,无异味
透明度	透明
水分及挥发物/%	≤0.20
不溶性杂质/%	≤0.20
酸值(以 KOH 计)/(mg/g)	≤10.0
过氧化值/(g/100 g)	≤0.25

4.3 食品安全要求

按 GB 2716 和国家有关标准规定执行。

4.4 真实性要求

枸杞籽油中不得掺有其他食用油和非食用油,不得添加任何香精和香料。

5 食品添加剂

食品添加剂的使用应符合 GB 2760 的规定。

6 生产加工过程的卫生要求

应符合 GB 8955 和 GB 14881 的规定。

7 检验方法

7.1 透明度、气味、滋味按 GB/T 5525 规定方法检验。

7.2 色泽按 GB/T 5009.37 规定方法检验。

7.3 相对密度按 GB/T 5526 规定方法检验。

7.4 折光指数按 GB/T 5527 规定方法检验。

7.5 水分及挥发物按 GB/T 5528 规定方法检验。

7.6 不溶性杂质按 GB/T 5529 规定方法检验。

7.7 酸值检验按 GB/T 5530 规定方法检验。

7.8 碘值按 GB/T 5532 规定方法检验。

7.9 皂化值按 GB/T 5534 规定方法检验。

7.10 不皂化物按 GB/T 5535.1 或 GB/T 5535.2 规定方法检验。

7.11 过氧化值按 GB/T 5538 规定方法检验。

7.12 油脂定性试验按 GB/T 5539 规定方法检验。以油脂定性试验和枸杞籽油特征指标作为综合判定依据。

7.13 脂肪酸组成按 GB/T 17376、GB/T 17377 规定方法检验。

7.14 食品安全要求按 GB 2716 规定方法检验。

8 检验规则

8.1 扦样、分样

枸杞籽油扦样与分样按 GB/T 5524 规定执行。

8.2 产品组批

以同一批原料生产加工的产品为一批。

8.3 检验

8.3.1 出厂检验

每批产品须经检验合格后附有合格证方可出厂。出厂检验项目为:色泽、气味、滋味、透明度、酸值、过氧化值。

8.3.2 型式检验

正常生产时每6个月进行1次,在有下列情况之一时亦应随时进行:

a) 新产品投产时;

b) 正式生产后,原料、工艺有较大变化时;

c) 产品长期停产后,恢复生产时;

d) 出厂检验结果与上次型式检验有较大差异时;

e) 国家监管部门提出进行型式检验要求时。

8.4 判定规则

出厂检验时如有不合格项目可在同批产品中加倍抽样,对不合格项目进行复核,以复核结果为准。

9 标志、包装、运输、贮存

9.1 标志

按 GB 7718 和 GB 28050 规定执行。

9.2 包装

包装容器应符合 GB/T 17374 及国家的有关规定和要求。包装定量误差应符合《定量包装商品计量监督管理规定》的要求。

9.3 运输

应使用食品专用运输车,运输中应防止日晒、雨淋。不得与有毒、有害及有异味的物品一同运输。

9.4 贮存

应贮存于阴凉、干燥及避光处。不得与有毒、有害及有异味的物品一同存放。产品码放应离地面10 cm 以上、离墙壁 20 m 以上。

ICS 65.020
B 09

DBS64

宁 夏 回 族 自 治 区 地 方 标 准

DBS64/ 515—2016

食品安全地方标准
枸杞果酒

2016-01-01 发布　　　　　　　　　　　　　　2016-06-30 实施

宁夏回族自治区卫生和计划生育委员会　发 布

前　言

本标准按照 GB/T 1.1—2009 给出的规则起草。

本标准代替 DB64/T 515—2008《枸杞果酒》。

本标准与 DB64/T 515—2008 相比,除编辑修改外主要技术变化如下:

——增加了术语和定义;

——增加了 GB 2758 食品安全的要求;

——增加了生产加工过程的卫生要求;

——修改了技术要求;

——删除了铁、滴定酸、游离二氧化硫、总二氧化硫、保质期的规定。

本标准由宁夏回族自治区卫生和计划生育委员会提出并归口。

本标准起草单位:宁夏卫生和计划生育监督局、宁夏食品检测中心、宁夏红枸杞产业集团有限公司、宁夏酿酒协会。

本标准主要起草人:黄锋、张慧玲、赵生银、吴明、杨建兴、聂永华、俞惠明、徐桂花、崔振华、赫晓梅、董建方。

食品安全地方标准
枸杞果酒

1 范围

本标准规定了枸杞果酒的术语和定义、产品分类、技术要求、食品添加剂、生产加工过程的卫生要求、试验方法、检验规则、标志、包装、运输、贮存。

本标准适用于枸杞果酒。

2 规范性引用文件

下列文件对于本文件的应用是必不可少的。凡是注日期的引用文件，仅注日期的版本适用于本文件。凡是不注日期的引用文件，其最新版本（包括所有的修改单）适用于本文件。

GB 2758 食品安全国家标准 发酵酒及其配制酒

GB 2760 食品安全国家标准 食品添加剂使用标准

GB 5749 生活饮用水卫生标准

GB 7718 食品安全国家标准 预包装食品标签通则

GB 12697 果酒厂卫生规范

GB 14881 食品安全国家标准 食品生产通用卫生规范

GB 15037 葡萄酒

GB/T 15038 葡萄酒、果酒通用分析方法

GB/T 18672 枸杞

《定量包装商品计量监督管理办法》国家质量监督检验检疫总局令(2005)第75号

3 术语和定义

GB 15037 界定的以及下列术语和定义适用于本文件。

3.1

枸杞果酒

以鲜枸杞或复水枸杞为原料，添加或不添加其他辅料，经发酵而成的含有一定酒精度的发酵酒。

3.2

复水枸杞

以干枸杞失水率折算并复水后的枸杞。

4 产品分类

按含糖量不同分为以下四类：

a) 干型枸杞果酒；

b) 半干型枸杞果酒；

c) 半甜型枸杞果酒；
d) 甜型枸杞果酒。

5 技术要求

5.1 原料要求

5.1.1 枸杞干果应符合 GB/T 18672 的要求。
5.1.2 生产用水应符合 GB 5749 的要求。
5.1.3 枸杞鲜果应符合食品安全相关要求和规定。
5.1.4 辅料应符合相应标准和有关规定。

5.2 感官指标

应符合表 1 的规定。

表 1 感官指标

项　目		指　标
外观	色泽	金黄色至橙红色
	澄清程度	澄清透明，有光泽，无明显悬浮物（使用软木塞允许有少量软木渣），无肉眼可见外来杂质，允许有少量沉淀
香气与滋味	香气	具有纯正、优雅、愉悦、和谐的果香与酒香
	滋味　干、半干型枸杞果酒	具有纯正、优雅的口味和悦人的果香味，酒体完整
	半甜、甜型枸杞果酒	具有甘甜厚的口味，酸甜协调，酒体丰满
典型性		具有本类型枸杞果酒应有的特征和风格

5.3 理化指标

应符合表 2 的规定。

表 2 理化指标

项　目		指　标
酒精度(20 ℃)/% vol		≥7.0
总糖(以葡萄酒计)/(g/L)	干型枸杞果酒	≤12.0
	半干型枸杞果酒	12.1～50.0
	半甜型枸杞果酒	50.1～80.0
	甜型枸杞果酒	≥80.1
挥发物(以乙酸计)/(g/L)		≤1.5
干浸出物/(g/L)		≥12.0
注：酒精度允许误差为标签明示值的±1.0%。		

5.4 食品安全要求

应符合 GB 2758 的规定。

6 食品添加剂

食品添加剂的使用应符合 GB 2760 的规定。

7 生产加工过程的卫生要求

应符合 GB 12697 和 GB 14881 的规定。

8 试验方法

8.1 感官指标和理化指标

按 GB/T 15038 规定的方法检验。

8.2 食品安全要求

按 GB 2758 规定的方法检验。

9 检验规则

9.1 组批

以同一批投料、同一班次生产的同一类型、同一规格的产品为一批次。

9.2 抽样

按 GB 15037 规定执行。

9.3 检验分类

9.3.1 出厂检验

9.3.1.1 每批产品须经检验合格后,附有合格证方可出厂。

9.3.1.2 检验项目:感官指标、酒精度、总糖、挥发酸、干浸出物、净含量。

9.3.2 型式检验

正常生产时每 6 个月进行 1 次,在有下列情况之一时亦应随时进行:
    a) 新产品投产时;
    b) 正式生产后,原料、工艺有较大改变时;
    c) 产品长期停产后,恢复生产时;
    d) 出厂检验结果与上次型式检验有较大差异时;
    e) 国家监管部门提出要求时。

9.4 判定规则

9.4.1 不合格分类

9.4.1.1 A 类不合格：感官指标、酒精度、干浸出物、挥发酸、净含量、食品安全要求。

9.4.1.2 B 类不合格：总糖。

9.4.2 复检

9.4.2.1 检验项目如有不合格项目，可在同批产品中加倍抽样对不合格项目复检，以复检结果为准。微生物指标不合格时，不得复检。

9.4.2.2 复检结果中如有以下情况之一，则判定该批产品不合格：

    a) A 类一项及以上不合格；

    b) B 类超过规定值的 50% 以上。

10 标志、包装、运输、贮存

10.1 标志

    应符合 GB 7718 和 GB 2758 的规定。

10.2 包装

10.2.1 内包装用符合食品卫生要求的玻璃瓶装，包装定量误差应符合《定量包装商品计量监督管理办法》的要求。

10.2.2 外包装用纸箱装，每箱总重量不得少于总净重。

10.3 运输

10.3.1 运输车应清洁卫生，不得与有毒有害及有异味的物品一起运输。

10.3.2 运输过程中应防止暴晒、雨淋，防止冰冻，避免强烈震荡。

10.3.3 搬运时应轻拿、轻放，不得抛摔。

10.4 贮存

10.4.1 应贮存在阴凉、通风、干燥的库房内。

10.4.2 用软木塞封装的酒，在贮存时应"倒放"或"卧放"。

10.4.3 贮存中应严禁火种，不得与有毒有害及有异味的物品共同存放。

10.4.4 产品码放应离地 10 cm 以上，离墙 20 cm 以上。

ICS 65.020
B 09

DBS64

宁夏回族自治区地方标准

DBS64/ 517—2016

食品安全地方标准
枸杞白兰地

2016-01-01 发布   2016-06-30 实施

宁夏回族自治区卫生和计划生育委员会　发布

前　言

本标准按照 GB/T 1.1—2009 给出的规则起草。

本标准代替 DB64/T 517—2008《枸杞白兰地》。

本标准与 DB64/T 517—2008 相比,除编辑性修改外主要技术变化如下:

——增加了 GB 2757 食品安全的要求;

——增加了食品添加剂的要求;

——增加了生产加工过程的卫生要求;

——修改了原料要求、感官指标;

——修改了标准名称。

本标准由宁夏回族自治区卫生和计划生育委员会提出并归口。

本标准起草单位:宁夏卫生和计划生育监督局、宁夏食品检测中心、宁夏红枸杞产业集团有限公司、宁夏酿酒协会。

本标准主要起草人:黄锋、张慧玲、赵生银、吴明、樊桂红、聂永华、崔振华、俞惠明、徐桂花、赫晓梅、董建方。

食品安全地方标准
枸杞白兰地

1 范围

本标准规定了枸杞白兰地的术语和定义、技术要求、食品添加剂、生产加工过程的卫生要求、试验方法、检验规则和标志、包装、运输、贮存。

本标准适用于枸杞白兰地。

2 规范性引用文件

下列文件对于本文件的应用是必不可少的。凡是注日期的引用文件,仅注日期的版本适用于本文件。凡是不注日期的引用文件,其最新版本(包括所有的修改单)适用于本文件。

GB 2757　食品安全国家标准　蒸馏酒及其配制酒

GB 2760　食品安全国家标准　食品添加剂使用标准

GB 5749　生活饮用水卫生标准

GB 7718　食品安全国家标准　预包装食品标签通则

GB/T 11856　白兰地

GB 12697　果酒厂卫生规范

GB 14881　食品安全国家标准　食品生产通用卫生规范

GB/T 18672　枸杞

《定量包装商品计量监督管理办法》国家质量监督检验检疫总局令(2005)第 75 号

3 术语和定义

GB/T 11856 界定的以及下列术语和定义适用于本文件。

3.1

枸杞白兰地

以鲜枸杞或复水枸杞为原料,经发酵、蒸馏、橡木桶陈酿、调配而成的蒸馏酒。

3.2

复水枸杞

以干枸杞失水率折算并复水后的枸杞。

4 技术要求

4.1 原料要求

4.1.1　枸杞干果应符合 GB/T 18672 的要求。

4.1.2　生产用水应符合 GB 5749 的要求。

4.1.3 枸杞鲜果应符合食品安全相关要求和规定。

4.2 感官指标

应符合表1的规定。

表 1　感官指标

项目	特级(XO)	优级(VSOP)	一级(VO)	二级(VS)
外观	澄清透明,有光泽,无明显悬浮物(使用软木塞允许有少量软木渣),允许有微量沉淀			
色泽	金黄色至赤黄色	金黄色至赤金色	金黄色	浅金黄色至金黄色
香气	具有和谐的枸杞香、陈酿的橡木香、醇和的酒香,幽雅浓郁	具有明显的枸杞香、陈酿的橡木香、醇和的酒香,幽雅	具有枸杞香,橡木香及酒香,香气谐调、浓郁	具有枸杞香、酒香及橡木香,无明显的刺激感和异味
口味	醇和、甘洌、圆润、细腻、丰满、绵延	醇和、甘洌、丰满、绵柔	醇和、甘洌、完整、无杂味	较纯正、无邪杂味
风格	具有本品独特的风格	具有本品突出的风格	具有本品明显的风格	具有本品应有的风格

4.3 理化指标

应符合表2的规定。

表 2　理化指标

项目	等级及指标			
	特级(XO)	优级(VSOP)	一级(VO)	二级(VS)
	酒龄≥6 年	酒龄≥4 年	酒龄≥3 年	酒龄≥2 年
酒精度(20 ℃)/% vol	20.0～44.0			
非酒精挥发物总量(挥发物＋酯类＋醛类＋糠醛＋高级醇)/[g/L(100%vol乙醇)]	≥2.50	≥2.00	≥1.25	—
铜(Cu)/(mg/L)	≤6.0			
注:酒精度允许误差为标签明示值的±1.0%vol,20 ℃。				

4.4 食品安全要求

应符合 GB 2757 的规定。

5　食品添加剂

食品添加剂的使用应符合 GB 2760 的规定。

6　生产加工过程的卫生要求

应符合 GB 12697 和 GB 14881 的规定。

7 试验方法

7.1 感官指标和理化指标

按 GB/T 11856 规定的方法检验。

7.2 食品安全要求

按 GB 2757 规定的方法检验。

8 检验规则

按 GB/T 11856 规定的方法执行。

9 标志、包装、运输、贮存

9.1 标志

应符合 GB 7718 和 GB 2757 的规定。

9.2 包装

9.2.1 内包装用符合食品安全要求的包装材料包装，包装定量误差应符合《定量包装商品计量监督管理办法》的要求。

9.2.2 外包装用纸箱装，每箱总重量不得少于总净重。

9.3 运输

9.3.1 运输车应清洁卫生、不得与有毒有害及有异味的物品一起运输。

9.3.2 运输过程中应防止暴晒、雨淋，防止冰冻，避免强烈震荡。

9.3.3 搬运时应轻拿、轻放，不得抛摔。

9.4 贮存

9.4.1 应贮存在阴凉、通风、干燥的库房内。

9.4.2 贮存中应严禁火种，不得与有毒有害及有异味的物品共同存放。

9.4.3 产品码放应离地 10 cm 以上，离墙 20 cm 以上。

ICS 65.020
B 09

DBS64

宁夏回族自治区地方标准

DBS64/ 684—2018
代替 DBS64/ 684—2011

食品安全地方标准
枸杞茶

2018-06-01 发布　　　　　　　　　　　　　　2018-12-01 实施

宁夏回族自治区卫生和计划生育委员会　发 布

前　言

本标准按照 GB/T 1.1—2009 给出的规则起草。

本标准代替 DBS64/ 684—2011《宁夏枸杞叶茶》。

本标准与 DBS64/ 684—2011 比较,除编辑性修改外主要技术变化如下:

——修改了标准名称;

——修改了原料要求;

——删除了酸不溶性灰分的要求;

——删除了六六六、滴滴涕、三氯杀螨醇的农药残留限量规定;

——增加了啶虫脒、吡虫啉、多菌灵、氯氰菊酯、氯氟氰菊酯、苯醚甲环唑、克百威、哒螨灵、毒死蜱的
　　农药残留限量规定。

本标准由宁夏回族自治区卫生和计划生育委员会提出并归口。

本标准起草单位:宁夏回族自治区食品检测中心、宁夏回族自治区卫生和计划生育监督局。

本标准主要起草人:张慧玲、吴明、樊桂红、黄锋、汪洪、郭再逢。

食品安全地方标准
枸杞茶

1 范围

本标准规定了枸杞茶的术语和定义、产品分类、技术要求、生产加工过程的卫生要求、试验方法、检验规则和标志、包装、运输、贮存。

本标准适用于以枸杞树新梢的芽尖或嫩叶为原料,经加工制成的枸杞茶。

2 规范性引用文件

下列文件对于本文件的应用是必不可少的。凡是注日期的引用文件,仅注日期的版本适用于本文件。凡是不注日期的引用文件,其最新版本(包括所有的修改单)适用于本文件。

GB 5009.3 食品安全国家标准 食品中水分的测定

GB 5009.4 食品安全国家标准 食品中灰分的测定

GB 5009.12 食品安全国家标准 食品中铅的测定

GB 7718 食品安全国家标准 预包装食品标签通则

GB/T 8302 茶 取样

GB/T 8305 茶 水浸出物测定

GB/T 8310 茶 粗纤维测定

GB/T 8311 茶 粉末和碎茶含量测定

GB 14881 食品安全国家标准 食品生产通用卫生规范

GB 23200.10 食品安全国家标准 桑枝、金银花、枸杞子和荷叶中 488 种农药及相关化学品残留量的测定 气相色谱-质谱法

GB 23200.11 食品安全国家标准 桑枝、金银花、枸杞子和荷叶中 413 种农药及相关化学品残留量的测定 液相色谱-质谱法

GB/T 23776 茶叶感官审评方法

《定量包装商品计量监督管理办法》国家质量监督检验检疫总局令(2005)第 75 号

3 术语和定义

下列术语和定义适用于本文件。

3.1

枸杞叶茶

采摘枸杞树新发的嫩叶,经清洗、萎凋、杀青、揉捻、曲毫、炒干、整形、提香等工艺制成的枸杞叶茶。

3.2

枸杞芽茶

采摘枸杞树新发的嫩芽尖,经清洗、萎凋、杀青、揉捻、曲毫、炒干、整形、提香等工艺制成的枸杞芽茶。

4 产品分类

4.1 根据采用的原料不同,产品分为枸杞叶茶和枸杞芽茶。

4.2 根据加工工艺不同,产品分为条形茶和圆形茶。

5 技术要求

5.1 原料要求

正常枸杞树上的嫩、鲜、净的芽叶,无污染、无黄叶、病叶,无异种植物叶。

5.2 基本要求

5.2.1 品质正常,无劣变、无异味。

5.2.2 不含非枸杞茶类夹杂物。

5.2.3 不着色,不含添加剂。

5.3 感官要求

5.3.1 条形茶感官要求

条形茶感官要求应符合表1的规定。

表1 条形茶感官要求

项 目			要 求	
			叶茶	芽茶
外形		条索	尚紧实	尚紧实
		整碎	尚匀整	尚匀整
		色泽	深绿	深绿
		净度	有片梗	有嫩茎
内质		香气	清香,香气较浓	清香
		滋味	微甜	微甜
		汤色	绿黄	黄绿
		叶底	稍有摊张,深绿	芽叶尚完整,绿

5.3.2 圆形茶感官要求

圆形茶感官要求应符合表2的规定。

表2　圆形茶感官要求

项　目		要　求	
		叶茶	芽茶
外形	条索	粗圆	粗圆
	整碎	尚匀	尚匀
	色泽	深绿	深绿
	净度	稍有梗杂	无梗杂
内质	香气	清香,香气较浓	清香
	滋味	微甜	微甜
	汤色	绿黄	黄绿
	叶底	稍有摊张,深绿	芽叶尚完整,绿

5.4　理化指标

理化指标应符合表3的规定。

表3　理化指标

项　目	指　标	
	叶茶	芽茶
水分（质量分数）/%	≤8.0	≤8.0
总灰分（质量分数）/%	≤18.0	≤16.0
水浸出物（质量分数）/%	≥30.0	≥28.0
粗纤维（质量分数）/%	≤16.0	≤12.0
碎末茶（质量分数）/%	≤6.0	
铅（以 Pb 计）/(mg/kg)	≤5.0	
啶虫脒/(mg/kg)	≤10	
吡虫啉/(mg/kg)	≤0.5	
多菌灵/(mg/kg)	≤5	
氯氰菊酯/(mg/kg)	≤20	
氯氟氰菊酯/(mg/kg)	≤15	
氰戊菊酯/(mg/kg)	≤0.1	
苯醚甲环唑/(mg/kg)	≤10	
克百威/(mg/kg)	≤0.05	
哒螨灵/(mg/kg)	≤5	
毒死蜱/(mg/kg)	≤0.2	

6 生产加工过程的卫生要求

应符合 GB 14881 的规定。

7 试验方法

7.1 感官要求

按 GB/T 23776 规定的方法检验。

7.2 水分

按 GB 5009.3 规定的方法检验。

7.3 水浸出物

按 GB/T 8305 规定的方法检验。

7.4 总灰分

按 GB 5009.4 规定的方法检验。

7.5 碎末茶

按 GB/T 8311 规定的方法检验。

7.6 粗纤维

按 GB/T 8310 规定的方法检验。

7.7 铅

GB 5009.12 规定的方法检验。

7.8 农药残留

农药残留按 GB 23200.10 或 GB 23200.11 规定的方法检验。当本标准规定的农药残留限量检测方法,如有其他国家标准、行业标准以及部门公告的检测方法,且其检出限和定量限能满足限量值要求时,在检测时可以采用。

8 检验规则

8.1 组批

以同一批原料、同一班次生产加工的同一品种的产品为一批。

8.2 抽样

抽样方法按 GB/T 8302 的规定执行,抽样基数应大于或等于 5 kg,抽样数量为 600 g,样品分成两份,一份检验,一份复验或备查用。

8.3 检验

8.3.1 出厂检验

产品应逐批检验,合格后附有合格证方能出厂。出厂检验项目为净含量、感官要求、水分。

8.3.2 型式检验

正常生产时每 6 个月进行 1 次,在有下列情况之一时亦应随时进行:

a) 新产品投产时;
b) 正式生产后,原料、工艺、设备有较大变化时;
c) 停产 6 个月以上,恢复生产时;
d) 出厂检验结果与上次型式检验有较大差异时;
e) 国家监管部门提出要求时。

8.4 判定

8.4.1 检验结果全部符合本标准要求的,判该批产品为合格。

8.4.2 检验结果中有任何一项不符合本标准规定要求的,均判为不合格产品。

8.4.3 对检验结果有争议时,应对留存样品进行复验,以复验结果为准。

9 标志、包装、运输、贮存

9.1 标志

应符合 GB 7718 的规定。

9.2 包装

9.2.1 内包装用符合食品卫生要求和相关规定的材料包装,包装定量误差应符合《定量包装商品计量监督管理办法》的要求。

9.2.2 外包装用纸箱装或其他符合相关要求的容器装。

9.3 运输

9.3.1 运输工具应清洁卫生,不得与有毒、有害及有异味的物品一起运输。

9.3.2 运输过程中应防止日晒、雨淋、重压,搬运时应轻拿轻放,不得抛摔。

9.4 贮存

应贮存在阴凉、通风、干燥的库房内,不得与有毒、有害及有异味的物品共同存放。产品码放应离地面 10 cm 以上,离墙壁 20 cm 以上。

————————

三、种苗标准

ICS 65.020.01
B 61

DB64

宁夏回族自治区地方标准

DB64/T 676—2010

枸 杞 苗 木 质 量

Seeding quality of Lycium

2010-12-17 发布　　　　　　　　　　　　　2010-12-17 实施

宁夏回族自治区质量技术监督局　发 布

前　言

本标准按照 GB/T 1.1—2009 给出的规则起草。

本标准由宁夏农林科学院提出。

本标准由宁夏回族自治区林业局归口。

本标准起草单位：宁夏枸杞工程技术研究中心。

本标准主要起草人：石志刚、曹有龙、安巍、赵建华、王亚军、焦恩宁、李云翔、何军。

枸 杞 苗 木 质 量

1 范围

本标准规定了枸杞苗木质量的术语和定义、苗木培育、种苗等级分级标准、检验、包装、假植和运输。
本标准适用于全国各枸杞产地及栽培区的枸杞苗木的繁育和销售。

2 术语和定义

下列术语和定义适用于本文件。

2.1
苗木种类
依繁殖材料和培育方法划分的苗木群体,主要为硬枝扦插苗。

2.2
扦插苗
以枝条为繁殖材料,采用扦插法繁育的苗木。

2.3
苗龄
从扦插育苗到出圃,苗木实际生长的年龄。经历 1 个年生长周期为 1 龄苗。

2.4
一批苗木
在同一苗圃,同一繁殖材料,相同的育苗技术培育的同龄苗木,称为一批苗木(简称苗批)。

2.5
根幅
起苗修根后,以插条基部为中心的侧根幅度。

2.6
侧根数
从插条基部发出的根数。

2.7
品种纯度
品种种性的一致性程度。

2.8
插条
用作扦插繁殖的枝条。

3 苗木培育

3.1 繁殖方法

采用硬枝扦插。

3.2 插条选择

在优良品种的生产园内,选择 5 年以下的健壮植株。

3.3 采条时间

3 月中旬至 4 月上旬树液流动至萌芽前。

3.4 采条部位

树冠中、上部着生的枝条。

3.5 枝型

1 年生徒长枝和中间枝。

3.6 粗度

0.5 cm～0.8 cm。

3.7 剪截插条

选择无破皮、无虫害的枝条,截成 15 cm～18 cm 长的插条,每 100 根～200 根一捆。

3.8 生根剂处理

插条下端 5 cm 处浸入 100 mg/L～150 mg/L 吲哚丁酸(IBA)加等量 α-奈乙酸(IAA)水溶液中浸泡 2 h～3 h,或生根粉处理。

3.9 扦插方法

在已准备好的苗圃地(地势平坦、排灌畅通、土质肥厚的轻壤土,地下水位 1.2 m 以下,pH 值 8 左右,有机质含量 1％以上,土壤全盐量 0.3％以下,深翻 25 cm,平整高差 5 cm,耙糖,清除石块与杂草),采用打孔器按株行距 10 cm×50 cm 定点,插入后湿土踏实,地上部留 1cm 外露一个饱满芽,上面覆一层细土,用脚拢一土棱,如果土壤墒情差,可不覆碎土,直接按行盖地膜。

3.10 插条量

每 0.067 hm² 扦插 1.2 万根～1.5 万根插条。

3.11 苗圃管理

3.11.1 灌水

插条生长的幼苗苗高 20 cm 以上时灌第 1 水,6 月下旬、7 月下旬各灌水 1 次。

3.11.2 中耕除草

幼苗生长高度达 10 cm 以上时,中耕除草,疏松土壤,深 5 cm;6、7、8 月各 1 次,深 10 cm。

3.11.3 修剪

苗高 40 cm 以上时选 1 直立健壮枝作主干剪顶,促进苗木主干增粗生长和侧枝生长。

3.11.4 追肥

6 月下旬第 1 次间苗时追肥,每 0.067 hm² 施入 6.9 kg 氮,施入后封沟灌水。

3.12 苗木出圃

翌年春季可于 3 月下旬至 4 月上旬土壤解冻后出圃移栽,起苗时不伤皮、不伤根,侧根完整。

4 种苗等级分级标准

枸杞苗木共分为 2 级,等级规格指标见表 1。

表 1 苗木等级规格指标

项　目			规　格
Ⅰ级苗		根径/cm	＞0.7
		苗高/cm	＞50
	根系	根幅/cm	＞20
		5 cm 长侧根的条数	＞5
Ⅱ级苗		根径/cm	＞0.5
		苗高/cm	＞40
	根系	根幅/cm	＞15
		5 cm 长侧根的条数	＞3
综合控制条件			无病虫害,苗干通直,色泽正常,芽发育饱满、健壮,充分木质化,无机械损伤(截根、修枝除外)

5 检验

5.1 抽样

5.1.1 凡品种相同、1 次出售的枸杞苗作为 1 个检验批次。

5.1.2 等级规格检验以 1 个检验批次为 1 个抽样批次。采用随机抽样方法。苗木数量超过 100 株时,抽样按表 2 执行,否则,11 株～100 株检验 10 株,低于 11 株者,全部检验。每 1 个检验批次中不合格苗木不得超过 5%,否则即认定该批枸杞苗木不符合本等级规格要求,为不合格苗木。

表 2 枸杞苗木检测抽样数量

苗木株数	检验株数
500～1 000	50
1 001～10 000	100
10 001～50 000	250
50 001～100 000	350
100 001～500 000	500
500 001 以上	750

5.1.3 成捆苗木先抽样捆,再在每个样捆内各抽 10 株;不成捆苗木直接抽取样株。

5.2 检验方法

5.2.1 根径用标准测量工具测量,读数精确到 0.1 cm。

5.2.2 苗高用标准测量工具测量,自地径沿苗干垂直量至顶芽基部,读数精确到 1 cm。

5.2.3 根幅用标准测量工具测量,以插条基部为中心量取其侧根的幅度,如 2 个方向根幅相差较大,应垂直交叉测量 2 次,取其平均值,读数精确到 1 cm。

5.3 检验规则

5.3.1 苗木成批检验。

5.3.2 苗木检验允许范围,同 1 批苗木中低于该等级的苗木数量不得超过 5%。

5.3.3 检验结果不符合规定,应进行重新分级,分级后再进行复检,并以复检结果为准。

6 包装、假植和运输

6.1 包装

分品种、种类和等级,定量包装。注意苗木保湿,苗木根系沾泥浆每 50 棵 1 捆,装入草袋,草袋下部填入少许锯末,洒水捆好。包装内外附有苗木标签。

6.2 良种标签

枸杞苗木良种标签应包括品种名、良种审认定编号、等级、数量、登记号、检验证编号、种源及产地、生产单位和地址、出圃日期。

6.3 假植

如起苗后不立即运送或苗木运到后不立即栽植,则应进行假植。

6.4 运输

运输过程中要防止重压、暴晒、风干、雨淋、冻害等,并持有苗木质量合格证、苗木检疫合格证、苗木生产许可证、苗木良种标签。

ICS 65.020.02
B 05

DB64

宁夏回族自治区地方标准

DB64/T 1203—2016

枸杞品种鉴定技术规程　SSR 分子标记法

Technical code of practice for identification of Lycium—Cultivars SSR
marker method

2016-12-28 发布

2017-03-28 实施

宁夏回族自治区质量技术监督局　发布

前　言

本标准按照 GB/T 1.1—2009 给出的规则起草。

本标准由宁夏回族自治区林业厅提出并归口。

本标准起草单位:宁夏农林科学院枸杞工程技术研究所、国家枸杞工程技术研究中心。

本标准主要起草人:安巍、尹跃、赵建华、曹有龙、李彦龙、戴国礼、何军、焦恩宁、王亚军、樊云芳、张曦燕、梁晓婕。

枸杞品种鉴定技术规程　SSR 分子标记法

1　范围

本标准规定了利用简单重复序列（simple sequence repeats，SSR）分子标记进行枸杞品种 DNA 指纹鉴定的试验方法、数据记录格式和判定标准。

本标准适用于枸杞 SSR 标记分子数据采集和品种鉴定。

2　规范性引用文件

下列文件对于本文件的应用是必不可少的。凡是注日期的引用文件，仅注日期的版本适用于本文件。凡是不注日期的引用文件，其最新版本（包括所有的修改单）适用于本文件。

GB/T 19557.1—2004　植物新品种特异性、一致性和稳定性测试指南　总则

NY/T 2558—2013　植物新品种特异性、一致性和稳定性测试指南　枸杞

3　术语和定义

下列术语和定义适用于本文件。

3.1

特定引物

本文件中所指引物是专门适合于枸杞 SSR 扩增的引物。

3.2

参照品种

具有所用 SSR 位点上不同等位变异的品种。参照品种用于辅助确定待测样品的等位变异，校正仪器设备的系统误差。

3.3

待检样品

送检单位提供的待鉴定的枸杞种质、品系、品种。

4　原理

SSR 广泛分布于枸杞基因组中，不同枸杞品种每个 SSR 位点重复基元重复次数可能不同。设计特异性引物对 SSR 进行聚合酶链式反应（polymerase chain reaction，PCR）扩增，扩增产物的片段长度通过毛细管电泳技术，或变性聚丙烯酰胺凝胶电泳和硝酸银染色加以区分。不同的枸杞品种间遗传组成存在差异，某些 SSR 位点重复次数不同显示不同条带，从而实现品种差异鉴定。

5　仪器设备及试剂

仪器设备及试剂见附录 A。

6 溶液配制

溶液配制方法见附录 B。

7 SSR 特定引物

引物相关信息见附录 C。

8 参照品种及其使用

参照品种见附录 D。

在进行等位变异检测时,应同时包括参照品种的 PCR 扩增产物。

注 1:同一名称不同来源的参照品种的某一位点上的等位变异可能不相同,在使用其他来源的参照品种时,应与原参照品种核对,确认无误后使用。

注 2:对于附录 C 未包括的等位变异,应按本标准方法,重新设计引物,确定大小。

9 操作程序

9.1 样品准备

试验样品为待测枸杞样品和参照品种的组织。参照品种采用 3 个以上重复,同时进行分析。

9.2 DNA 提取

DNA 提取方法及步骤如下:

a) 选取 100 mg 枸杞组织置于 2 mL 离心管中,加液氮研磨至粉末;

b) 离心管中加入 800 μL 预热(65 ℃)2% CTAB 提取液,轻摇混匀;

c) 65 ℃ 水浴 1 h,期间每隔 10 min 轻摇 1 次;

d) 冷却至室温后加入 800 μL 三氯甲烷:异戊醇(24:1),混匀 20 min;

e) 10 000 r/min 离心 10 min;

f) 吸取 200 μL 上清液移到 1.5 mL 的离心管中,加入 600 μL 预冷的异丙醇,混匀后置于 4 ℃ 沉淀 1 h 或 −20 ℃ 30 min;

g) 10 000 r/min 离心 10 min;

h) 弃上清液,沉淀用 70% 乙醇洗涤 3 次,自然晾干;

i) 加入 100 μL ddH$_2$O,1 μL RNAase,37 ℃ 水浴 30 min;

j) 待充分溶解后,用 0.8% 琼脂糖凝胶电泳检测 DNA 的浓度和纯度;DNA 原液 −20 ℃ 保存备用。

注:以上为推荐的一种 DNA 提取方法。所获 DNA 质量能够符合 PCR 扩增需要的 DNA 提取方法都适用于本标准。

9.3 PCR 扩增

9.3.1 SSR 引物

使用的特定引物及其序列见附录 C。

9.3.2 反应体系

9.3.2.1 利用变性聚丙烯酰胺凝胶电泳检测时,PCR 反应体系为 20 μL,包括 20 ng~50 ng 基因组 DNA,*Taq* DNA 聚合酶 1.0 U,10×PCR 缓冲液 2 μL,dNTP 0.2 mmol/L,正向引物和反向引物各 0.3 μmol/L,剩余体积用超纯水补足至 20 μL。

9.3.2.2 利用毛细管电泳检测时,PCR 反应体系为 20 μL,包括 20 ng~50 ng 基因组 DNA,*Taq* DNA 聚合酶 1.0 U,10×PCR 缓冲液 2 μL,dNTP0.2 mmol/L,M13 荧光标记引物和反向引物各 0.4 μmol/L,正向引物 0.4 μmol/L,剩余体积用超纯水补足至 20 μL。

9.3.3 反应程序

9.3.3.1 变性聚丙烯酰胺凝胶电泳检测时,PCR 扩增程序为:94 ℃预变性 5 min;94 ℃变性 30 s,58 ℃~60 ℃(根据附录 C 引物退火温度设定)退火 30 s,72 ℃延伸 1 min,共 30 个循环;72 ℃延伸 5 min,4 ℃保存。

9.3.3.2 毛细管电泳检测时,PCR 扩增程序为:94 ℃预变性 5 min;94 ℃变性 30 s,58 ℃~60 ℃(根据附录 C 引物退火温度设定)30 s,72 ℃延伸 30 s,共 30 个循环;94 ℃变性 30 s,53 ℃退火 30 s,72 ℃延伸 30 s,10 个循环;72 ℃延伸 5 min,4 ℃保存。

9.4 PCR 扩增产物检测

9.4.1 变性聚丙烯酰胺凝胶电泳(PAGE)与银染检测

9.4.1.1 清洗玻璃板

用去污剂和清水将玻璃板洗涤干净并晾干。用无水乙醇擦洗 2 遍,吸水纸擦干。小玻璃板用 1 mL 剥离硅烷处理,大玻璃板用 2 mL 预混的亲和硅烷工作液处理。操作过程中防止两块玻璃相互污染。

9.4.1.2 组装电泳板

将两块玻璃板晾干,以 0.4 mm 的边条置于大玻璃板左右两侧,将小玻璃板压于其上并固定,用胶条封住底部,在两块玻璃板两侧在有边条处用夹子夹住,注意间距。

9.4.1.3 灌胶

按附录 B 配置 60 mL 6%的变性 PAGE 胶溶液,轻轻混匀后灌胶。灌胶过程中防止出现气泡。待胶液充满玻璃夹层,将 0.4 mm 厚鲨鱼齿梳平齐端向里轻轻插入胶液约 0.5 cm 处。室温下聚合 1 h 以上。待胶聚合后,清理胶板表面溢出的胶液,轻轻拔出梳子,用清水洗干净备用。

9.4.1.4 预电泳

正极槽(下槽)中加入 1×TBE 缓冲液(没过下槽高度的 80%),在负极(上槽)加入 1×TBE 缓冲液(没过短玻璃板上端 1 cm),60 W 恒功率预电泳 30 min。

9.4.1.5 变性

把 PCR 扩增产物与凝胶加样缓冲液按 5∶1(体积比)混合,95 ℃变性 5 min,立即置于冰上冷却待用。

9.4.1.6 电泳

用吸球吹吸加样槽,清除气泡和残胶。将梳子反过来,把梳齿端插入凝胶 2 mm,形成加样孔。每个加样孔点入 3 μL 扩增产物,在胶板两侧点入 DNA 分子量标准。60 W 恒功率电泳,溴酚蓝至胶的四分之三处时,终止电泳。

9.4.1.7 银染

按以下步骤进行银染:

1) 固定:撬下胶板,放入固定液盒中,直到溴酚蓝指示剂褪色为止。
2) 漂洗:去离子水冲洗两次,每次 2 min。
3) 染色:转入银染液,染色 30 min。
4) 漂洗:去离子水冲洗 10 s。
5) 显影:转入预冷的显影液,直到扩增条带清晰可见,加入固定液,终止显影。
6) 固定:最后放入终止液,10 min。
7) 漂洗:去离子水冲洗 30 s。

9.4.2 毛细管电泳荧光检测

9.4.2.1 样品准备

对 6-FAM 和 HEX 荧光标记的 PCR 产物用超纯水稀释 30 倍,ROX 和 TAMRA 荧光标记的 PCR 扩增产物用超纯水稀释 10 倍。混合等体积的上述四种稀释液,从混合液中吸取 1 μL 加入到 DNA 分析仪专用深孔板中,在各孔中分别加入 0.1 μL 的 LIZ-500 分子量内标和 8.9 μL 去离子甲酰胺,置于离心机中 10 000 r/min 下离心 10 s。将样品在 PCR 仪上 95 ℃变性 5 min,取出后迅速置于冰水中,冷却 10 min 以上。离心 10 s 后上机电泳。

9.4.2.2 开机准备

打开 DNA 分析仪,检查仪器工作状态,更换缓冲液,灌胶。将装有样品的深孔板置放于样品基座上。打开数据收集软件。

9.4.2.3 编板

按照仪器操作程序,创建电泳板名称,选择合适的程序和电泳板类型,输入样品编号或名称。

9.4.2.4 运行程序

启动运行程序,DNA 分析仪自动收集记录毛细管电泳数据。

10 等位变异数据采集

10.1 数据表示

样品每个 SSR 位点的等位变异采用扩增片段大小的形式表示。

10.2 变性聚丙烯酰胺凝胶电泳与银染检测

将待测样品某一位点扩增片段的带型和移动位置与对应的参照品种进行比较,与待测样品扩增片段带型和移动位置相同的参照品种的片段大小即为待测样品该引物位点的等位变异大小。

10.3 毛细管电泳荧光检测

使用 DNA 分析仪的片段分析软件,读出每个位点每个样品等位变异大小数据。通过使用参照品种,消除不同型号 DNA 分析仪间可能存在的系统误差(比较待测品种的等位变异大小数据与附录 C 中的相应数据,两者的差数为系统误差的大小)。从待测样品的等位变异数据中去除该系统误差,获得的数据即为待测样品的等位变异大小。

10.4 结果记录

纯合位点的等位变异大小数据记录为 X/X,其中 X 为该位点等位变异的大小;杂合位点的等位变异数据记录为 X/Y,其中 X,Y 分别为该位点上两个不同的等位变异,小片段在前,大片段在后;无效等位变异的大小记录为 0/0。

示例 1:
一个品种的一个 SSR 位点为纯合位点,等位变异大小为 120 bp,则该品种在该位点上的等位变异记录为 120/120。

示例 2:
一个品种的一个 SSR 位点为杂合位点,两个等位变异大小分别为 120 bp 和 126 bp,则该品种在该位点上的等位变异数据记录为 120/126。

11 判定标准

11.1 结果判定

对待测样品和参照品种以附录 C 中的引物进行标记检测,获得待测样品和参照品种在这些位点的等位变异数据,利用附录 C 中 6 对核心引物检测,获得待测品种在这些位点的等位变异数据,利用这些数据进行品种间比较,判定方法如下:

a) 品种间差异位点数≥3,判定为不同品种;
b) 品种间差异位点数=2 或 1,判定为相近品种;
c) 品种间差异位点数=0,判定为疑同品种。

注 3:对于 11.1b)或 11.1c)的情况,按照 GB/T 19557.1—2004 和 NY/T 2558—2013 的规定进行田间鉴定。

11.2 结论

按照附录 E 填写检测报告。

附　录　A
（规范性附录）
仪器设备及试剂

A.1　主要仪器设备

主要仪器设备如下：
——PCR 扩增仪；
——高压电泳仪；
——垂直电泳槽及配套的制胶附件；
——普通电泳仪；
——水平电泳槽及配套的制胶附件；
——电子天平（精确到 0.000 1 g）；
——微波炉；
——微量移液器（2.5 μL、10 μL、20 μL、100 μL、200 μL、1 000 μL）；
——高压灭菌锅；
——台式高速离心机；
——制冰机；
——凝胶成像系统；
——水浴锅；
——冰箱：最低温度－20 ℃；
——紫外分光光度计；
——磁力搅拌器；
——DNA 分析仪：基于毛细管电泳，由 DNA 片段分析功能和数据分析软件，能够分辨 1 个核苷酸
　　的差异；
——酸度计；
——研钵；
——研锤。

A.2　试剂

除非另有说明，在分析中均使用分析纯试剂。主要试剂如下：
——氯化钠（NaCl）；
——氢氧化钠（NaOH）；
——三氯甲烷；
——三羟甲基氨基甲烷（Tris-base）；
——乙二胺四乙酸二钠盐（EDTA-Na$_2$ · 2H$_2$O）；
——十六烷基三乙基溴化铵（CTAB）；
——聚乙烯吡咯烷酮（PVP）；
——无水乙醇；
——盐酸（37%）；

——β-巯基乙醇；

——溴化乙锭（EB）；

——*Taq* DNA 聚合酶；

——琼脂糖；

——DNA 分子量标准：DL2000、pUC18 DNA/MsIp；

——四种脱氧核苷酸（dNTP）；

——10×PCR 缓冲液；

——亲和硅烷；

——剥离硅烷；

——尿素；

——过硫酸铵（APS）；

——四甲基乙二胺（TEMED）；

——甲醛（37%）；

——剥离硅烷；

——冰醋酸；

——硝酸银；

——异戊醇；

——异丙醇；

——甲叉双丙烯酰胺（Bis）；

——去离子甲酰胺；

——丙烯酰胺（Acr）；

——尿素；

——二甲苯菁（FF）；

——LIZ-500 分子量内标；

——硫代硫酸钠；

——DNA 分析仪用丙烯酰胺凝胶液；

——DNA 分析仪用光谱校准基质，包括 FAM 和 HEX 两种荧光标记的 DNA 片段；

——DNA 分析仪专用电泳缓冲液。

A.3 引物

引物类型如下：

——SSR 引物；

——M13 荧光标记引物。

A.4 耗材

耗材如下：

——离心管（1.5 mL、2 mL）；

——移液枪吸头（10 μL、200 μL、1 000 μL）；

——200 μL PCR 薄壁管；

——96 孔 PCR 板；

——一次性手套。

附　录　B
（规范性附录）
溶液配制

B.1　DNA 提取溶液配制

DNA 提取溶液的配制使用超纯水。

B.1.1　DNA 裂解液

称取 Tris-base 12.114 g、NaCl 18.816 g、EDTA-Na$_2$・2H$_2$O 7.455 g、CTAB 20.0 g、PVP 20.0 g，溶于适量水中，搅拌溶解，定容至 1 000 mL。用前加入 β-巯基乙醇。

B.1.2　0.5 mol/L EDTA 溶液

称取 EDTA-Na$_2$・2H$_2$O 186.1 g 溶于 800 mL 水中，用固体 NaOH 调至 pH＝8.0，定容至 1 L，高压灭菌后备用。

B.1.3　70％（体积分数）乙醇溶液

量取无水乙醇 700 mL，加超纯水定容至 1 000 mL。

B.1.4　1×TE 缓冲液

称取 Tris-base 0.606 g、EDTA-Na$_2$・2H$_2$O 0.186 g，加入适量水溶解，加浓盐酸调至 pH 至 8.0，定容至 500 mL，高压灭菌后备用。

B.2　电泳缓冲液

电泳缓冲液的配置使用超纯水。

B.2.1　6×加样缓冲液

分别称取溴酚蓝 0.125 g 和二甲苯菁 0.125 g，置于烧杯中，加入去离子甲酰胺 49 mL 和 EDTA 溶液 1 mL（0.5 mol/L，pH 8.0），搅拌溶解。

B.2.2　10×TBE 浓贮液

称取 Tris-base108.0 g、硼酸 55.0 g、0.5 mol/L EDTA 37.0 mL，加水定容至 1 000 mL，室温保存，出现沉淀予以废弃。

B.2.3　1×TBE 使用液

量取 10×TBE 浓贮液 100 mL，加水定容至 1 000 mL。

B.3　SSR 引物溶液的配制

引物干粉 10 000 r/min 离心 10 s，加入相应体积的超纯水，稀释成 100 μmol/L 分装保存，避免反复冻融。取 10 μL 加水超纯水 100 μL,配制成 10 μmol/L 的工作液。

B.4 变性聚丙烯酰胺凝胶电泳相关溶液的配制

变性聚丙烯酰胺凝胶电泳相关溶液的配制使用超纯水。

B.4.1 40%(质量浓度)丙烯酰胺溶液

分别称取 Acr 190.0 g 和 Bis 10.0 g 溶于约 400 mL 水中,加水定容至 500 mL,置于棕色瓶中 4 ℃避光储存。

B.4.2 10%(质量浓度)APS 溶液

称取 APS 0.1 g 溶于 1 mL 水中。

B.4.3 6%变性 PAGE 胶溶液

称取 42.0 g 尿素溶于约 60 mL 水中,分别加入 10×TBE 缓冲液 10 mL、40%丙烯酰胺溶液 15 mL、10%APS150 μL(新鲜配制)和 TEMED50 μL,加水定容至 100 mL。

B.4.4 剥离硅烷工作液

量取 98 mL 三氯甲烷,加入二氯二甲基硅烷 2 mL,混匀。

B.4.5 亲和硅烷工作液

量取无水乙醇 3.0 mL,加入亲和硅烷 15 μL 和冰醋酸 15 μL,混匀。

B.5 银染溶液的配制

银染溶液的配制使用超纯水。

B.5.1 1%硫代硫酸钠溶液

称取硫代硫酸钠 1 g,溶解于 100 mL 双蒸水,搅拌溶解。

B.5.2 固定液

量取冰醋酸 200 mL,用水定容至 1 800 mL。

B.5.3 染色液

称取硝酸银 2.0 g,并加入 37%甲醛 3 mL,溶于 2 000 mL 水中。

B.5.4 显影液

称取无水碳酸钠 60.0 g,溶解于 2 000 mL 双蒸水,冷却到 4 ℃,使用之前加入 37%甲醛 3 mL 和 1%的硫代硫酸钠 200 μL。

附　录　C
（规范性附录）
特定引物

特定引物（6 对）见表 C.1。

表 C.1　特定引物（6 对）

引物名称	引物序列(5′→3′)	推荐荧光类型	退火温度 ℃	等位变异 bp	参照品种
SF15	F:CAAAGAACAAAAGGGCTAGGA R:TTTGTTGTTGTATCAGATCCCA	FAM	58	179	宁杞菜 1 号
SF34	F:TCATGCAAAATCAGACCACTAT R:TTACGATGTGGGATTTCAC	FAM	60	163	蒙杞 1 号
SF14	F:TTCAGTTCCCTCTCAGCCA R:TTGTTCTTGCATAAGAAATTGG	FAM	59	170	宁农杞 9 号
SF92	F:CGGGTTTCTAATGGTACCTCTA R:TGACTCTACAAATTTGAAAAACAA	HEX	57	150 152 158	宁杞菜 1 号 宁杞 5 号 宁杞 3 号
SF30	F:TATTTCACGTTGCTCCAGAAAG R:ATCGCCCCCTGAATTAAAG	HEX	60	180	宁杞 1 号
SF20	F:TGTGGAATTACACTGGGTATGT R:GAGAACCGTTTCATTGATATAC	FAM	61	178	宁杞 7 号

附 录 D
（规范性附录）
参照品种名单

参照品种名单见表D.1。

表 D.1 参照品种名单

品种代码	参照品种名称
1	宁杞1号
2	宁杞3号
3	宁杞5号
4	宁杞7号
5	宁杞菜1号
6	蒙杞1号
7	宁农杞9号

附 录 E
（资料性附录）
枸杞待测样品检测报告

枸杞待测样品检测报告见表 E.1。

表 E.1 枸杞待测样品检测报告

待测样品编号		待测样品名称	
参照样品编号		参照样品名称	
送检单位			
测试单位		依据标准	

检测引物数量：

检测引物编号：

DAN 指纹图谱检测结果：

检测差异引物和谱带：

结论：

ICS 65.020.01
B 61

DB64

宁夏回族自治区地方标准

DB64/T 1206—2016

枸杞良种采穗圃营建技术规程

Establishment technique of lycium improved variety cutting orchard

2016-12-28 发布　　　　　　　　　　　　2017-03-28 实施

宁夏回族自治区质量技术监督局　发布

前　言

本标准按照 GB/T 1.1—2009 给出的规则起草。

本标准由宁夏回族自治区林业厅提出并归口。

本标准起草单位：宁夏林业技术推广总站、中宁县林场（国家枸杞良种基地）、宁夏罗山国家级自然保护区管理局、中宁县清水河林场、宁夏林业产业发展中心。

本标准主要起草人：孔祥、唐建宁、俞建中、宋学云、王廷华、纪丽萍、乔彩云、陈学宁、张吉云、杨武、郝爱华、雍明海、万华、何鹏力、王世博、刘超。

枸杞良种采穗圃营建技术规程

1 范围

本标准规定了枸杞良种采穗圃营建的术语和定义、建圃设计、圃地准备、苗木栽植、抚育管理、穗条采集、穗条质量分级与检测、穗条经营使用和档案建立。

本标准适用于宁夏地区枸杞良种采穗圃的植苗建圃。

2 规范性引用文件

下列文件对于本文件的应用是必不可少的。凡是注日期的引用文件,仅注日期的版本适用于本文件。凡是不注日期的引用文件,其最新版本(包括所有的修改单)适用于本文件。

GB 19116—2003　枸杞栽培技术规程

LY/T 2289—2014　林木种苗生产经营档案

LY/T 2290—2014　林木种苗标签

DB64/T 423—2013　宁夏主要造林树种苗木质量分级

DB64/T 850—2013　枸杞病害防控技术规程

DB64/T 851—2013　枸杞虫害防控技术规程

3 术语和定义

下列术语和定义适用于本文件。

3.1

良种　improved variety

经人工选育,通过严格试验和鉴定,证明在适生区域内,在产量、品质、适应性、抗性等方面明显优于当前主栽材料的繁殖材料或种植材料,包括优良品种、优良无性系等,并通过国家或自治区级林木品种审定委员会的审定。

3.2

良种采穗圃　cutting orchard of improved varieties

选用良种,按照采穗圃营建技术规范建立的,生产提供优质穗条的良种繁育基地。

3.3

标准插穗　standard cuttings

从穗条上剪取硬枝(木质化)长度为 13 cm～14 cm,嫩枝(半木质化)长度为 10 cm～11 cm,分别具有健壮饱满腋芽和完整叶片的短穗。

3.4

穗条利用率　utilization rate of cuttings

可剪标准插穗占穗条的百分率。

4 建圃设计

4.1 圃地规模

视生产和经营需要,面积宜大于 1 hm²。

4.2 良种选择

选择生产性状表现好、推广前景广阔、市场需求量大的良种作为建圃材料。每个采穗圃可定植多个良种。

4.3 圃地选择

选择交通便利、地势平坦,渠系配套,土壤含盐量小于 0.2%、pH8.5 左右、地下水位 1.5 m 以下、土层深厚、透气性和排水性较好的沙壤土、轻壤土或壤土地建圃。

4.4 圃地分区

根据圃地规模和品种数量,宜以沟渠路为界,将圃地先分大区,再将大区划分为若干个生产经营小区,小区间设置作业道和灌排水设施等。采穗圃四周建防护设施,防止人畜鼠兔危害。

4.5 种植设计

同一品种定植在同一个小区内,绘制品种定植布局图,标明各品种的栽植位置,标注良种名称或编号。

5 圃地准备

在头年 10 月下旬初步平整圃地后,深翻 20 cm～25 cm,旋耕耙耱,再采用平地仪进行平整后灌足冬水。结合深翻施腐熟有机肥 45 000 kg/hm²～75 000 kg/hm²。栽植当年,春季土壤化冻后于栽植前 5 d～7 d,旋耕圃地 15 cm～20 cm 深,然后耙耱整平。

6 苗木栽植

6.1 苗木规格

品种纯正,生长健壮,质量达到 DB64/T 423—2013 规定的Ⅰ级苗。

6.2 苗木处理

先进行修枝、修根处理,再用 100 mg/L 萘乙酸水溶液蘸根 5 s 后栽植。

6.3 栽植时间

3 月上旬至 4 月上旬。

6.4 栽植密度

株行距:灌丛式宜为 50 cm×130 cm;高杆式宜为 100 cm×260 cm。

6.5 栽植方法

按品种种植布局图,分小区行状栽植,行向与生产路垂直。栽植方法参照 GB 19116—2003 进行。

6.6 设置标识牌

栽植结束,按照实际栽植品种挂牌、绘制定植图,并设立永久标识。

7 抚育管理

7.1 树体管理

7.1.1 扶正支撑

第一次灌水后,以株设置主干支撑棍。支撑棍以竹竿为宜,长度 130 cm～170 cm,粗度 2 cm～3 cm,插入土中深 30 cm。苗木成活后及时将苗木绑扎在支撑棍上。

7.1.2 灌丛式管理

在栽植的当年秋冬或翌年春季,距地表 5 cm 左右处平茬采收穗条;春夏时待萌发出新枝后,选留 5 根～8 根生长势强的直立枝条作为穗条培养,于秋冬或次年采条时再次平茬。每年平茬部位逐年提高 3 cm～5 cm。

7.1.3 高干式管理

栽植当年在苗木 60 cm 处定干,苗木萌芽后,将主干 40 cm 以上所发的枝条,选留方向不同 3 根～5 根侧枝作为第一级骨干枝进行培养,其余全部剪除;以后每年丛第一级骨干枝上,生长出的第二级侧枝中,选留 3 根～5 根生长势强、分布均匀的枝条作为第二级骨干穗条进行培养,其余全部剪除。

7.2 土肥水管理

7.2.1 栽植当年管理

7.2.1.1 土壤管理

栽植灌水后立即覆膜。头水灌溉后行间进行浅翻一次,深度 8 cm～10 cm,以后每次灌水之后行间中耕除草一次,深度 5 cm～8 cm。9 月上旬翻晒圃地一次,行间深度 15 cm～20 cm,树冠下 10 cm 左右,不碰伤茎基。

7.2.1.2 追肥管理

7.2.1.2.1 土壤追肥

6 月上旬进行第一次追肥,施磷酸二铵 50 g/株～75 g/株,尿素 25 g/株～30 g/株;7 月上旬进行第二次追肥,施复合肥 150 g/株～200 g/株;8 月上旬进行第三次追肥,施复合肥 75 g/株～100 g/株,尿素 25 g/株,磷酸二铵 50 g/株。施肥结合灌水进行。

7.2.1.2.2 叶面追肥

5 月～8 月,每 15 d～20 d 进行叶面喷肥一次。肥料选用叶面宝、喷施宝、氨基酸微肥及钙肥等,施用 225 kg/hm²～300 kg/hm² 水溶液。

7.2.1.3 灌水管理

在4月底至5月上旬灌头水,灌水量900 m³/hm²左右;6月上旬灌二水,7月~9月根据降雨灌水3次~4次,每次灌水量750 m³/hm²左右;11月灌冬水,灌水量1 050 m³/hm²左右。

7.2.2 栽植第二年到成龄管理

7.2.2.1 土壤管理

3月下旬至4月上旬,浅挖圃地一次,深度8 cm~12 cm。5月上中旬挖圃地一次,深度12 cm~15 cm。之后根据灌水及园地杂草情况进行中耕除草若干次。8月下旬进行秋翻,深度15 cm~20 cm。

7.2.2.2 追肥管理

7.2.2.2.1 土壤追肥

以有机肥为主,合理搭配氮、磷、钾肥,适量补允微量元素。腐熟有机肥宜在每年9月中卜旬追施,施肥量根据树体大小确定,一般为4 kg/株~10 kg/株,在树冠外围采取穴施或沟施。无机肥追施宜采用水肥一体化进行管理。全年4次为宜,分别在4月上中旬、5月底至6月初、6月底、7月底,第一次追施尿素、磷酸二铵各300 kg/hm²,硫酸钾150 kg/hm²;第二次和第三次分别追施尿素、磷酸二铵各300 kg/hm²,磷酸二氢钾150 kg/hm²,枸杞专用肥600 kg/hm²;第四次追施尿素、磷酸二铵、硫酸钾各150 kg/hm²。

7.2.2.2.2 叶面追肥

5月~8月,结合病虫害防治喷药,每月喷施一次枸杞叶面肥,每次900 kg/hm²肥液。

7.2.2.3 灌水管理

同7.2.1.3。

7.3 去杂

栽植后,每年根据品种性状进行除杂,保证各品种的纯度。

7.4 病虫害防治

参照DB64/T 850—2013和DB64/T 851—2013的相关规定执行。

8 穗条采集

8.1 产穗指标

采穗圃适宜产条量见表1。

表 1　采穗圃适宜产条量

树龄	产条量/(万根/hm²)	
	硬枝	嫩枝
第一年	2.5～4	3～4
第二年	7～8	7～8
第三年	8	8
第四年及以后	12	12

8.2　硬枝采集与贮藏

8.2.1　采集

3月中下旬至4月上旬穗条萌芽前,结合修剪,采集粗度0.5 cm～1.2 cm的枝条,每100根一捆,倒顺一致。采集过程中,严格按照品种采集、捆绑、挂标签。秋冬季温棚反季节硬枝扦插育苗的,在10月下旬至12月上旬进行采条。

8.2.2　贮藏

采集的穗条不能及时剪穗扦插,应分品种进行窖藏或沙藏。窖藏湿度保持在80%左右,温度在0 ℃～5 ℃;沙藏可将种条摆一层或多层,层与层之间填满湿沙,上层再盖30 cm～50 cm厚的湿沙,沙子的湿度保持在60%～70%。

8.3　嫩枝采集

5月～9月,从母株上采集粗度在0.3 cm以上的半木质化新枝。宜随扦插随剪条。

9　穗条质量分级与检测

9.1　质量分级

9.1.1　分级原则

穗条分级以穗条粗度、穗条长度和穗条利用率为依据,品种纯度、病虫害为参考指标。分为两级,低于Ⅱ级为不合格穗条。

9.1.2　质量指标

枸杞穗条质量指标见表2。

表 2　枸杞穗条质量指标

类型	级别	穗条粗度/mm	穗条长度/cm	穗条利用率/%	综合条件
硬枝	Ⅰ	≥8.0	≥70	≥400	品种纯度达到100%、无病虫害
	Ⅱ	5.0～7.9	50～69	300～399	品种纯度达到100%、无病虫害
嫩枝	Ⅰ	≥5.0	≥50	≥400	品种纯度达到100%、无病虫害
	Ⅱ	3.0～4.9	30～49	200～399	品种纯度达到100%、无病虫害

9.2 检验方法

9.2.1 穗条粗度

用游标卡尺测量穗条中部处的穗条直径,精确到 0.1 mm。

9.2.2 穗条长度

用卷尺测量从穗条基部到顶芽基部的距离,精确到 1 cm。

9.2.3 穗条利用率

随机抽取穗条,剪取标准插穗,计算标准插穗占穗条总数的百分率,按式(1)计算:

$$L = \frac{S_0}{S} \times 100\% \qquad \cdots\cdots\cdots\cdots\cdots\cdots\cdots\cdots\cdots\cdots (1)$$

式中:

L ——穗条利用率,精确到 1%;

S_0 ——标准插穗数,单位为根;

S ——抽检穗条数,单位为根。

9.3 检测规则

9.3.1 抽样

穗条检测在采穗圃进行,按表3的比例随机抽样。

表 3 穗条检测抽样量

穗条总数量/根	抽样量/根
≤5 000	30
5 001～10 000	50
10 001～50 000	100
50 001～100 000	200
≥100 001	300

9.3.2 判定

9.3.2.1 对穗条的总体判定:品种纯度不合格和有病虫害则总体判定为不合格。

9.3.2.2 穗条利用率、穗条粗度和穗条长度中有一项指标低于Ⅱ级要求,即判被检个体不合格。

9.3.2.3 合格穗条分Ⅰ、Ⅱ两个等级,由穗条利用率、穗条粗度和穗条长度按从低原则定级。

9.3.2.4 分级后的穗条,同一批次中低于该等级的个体不得超过10%。

9.3.2.5 判定为不合格的穗条可在剔除不合格个体后重新进行检测。

10 穗条经营使用

10.1 穗条在使用和销售前应附质量检验证书,格式见附录B。

10.2 销售的穗条按照 LY/T 2290—2014 的相关规定制作和附挂标签。

10.3 穗条在调运前，按照国家有关规定进行检疫；调运时附《植物检疫证书》。

11 档案建立

11.1 内容

良种采穗圃建设的有关项目建设申请及审批文件；营建及经营过程中的全部原始材料，如地形图、种植配置图、气象和物候调查观测资料、生产日志、生产经营档案等。填写相关档案登记表，见附录 A。

11.2 要求

符合 LY/T 2289—2014 的规范要求。

附　录　A
（规范性附录）
枸杞良种采穗圃档案登记表

A.1　采穗圃基本情况登记表

见表 A.1。

表 A.1　采穗圃基本情况登记表

建设单位：＿＿＿＿＿＿＿＿＿＿＿＿＿＿＿＿＿＿

建设地点：＿＿＿＿＿＿＿县(市、区)＿＿＿＿＿＿＿乡(林场)＿＿＿＿＿＿村(分场)

地理坐标:经度：＿＿＿＿＿＿＿　　纬度：＿＿＿＿＿＿＿　　海拔：＿＿＿＿＿＿ m

土壤类型：＿＿＿＿　土壤质地：＿＿＿＿　土层厚度：＿＿＿＿ cm　酸碱度(pH)：＿＿＿＿　含盐量：＿＿＿＿%

年均温：＿＿＿＿℃　1月均温：＿＿＿＿℃　7月均温：＿＿＿＿℃　年无霜期：＿＿＿＿ d

≥10 ℃年积温：＿＿＿＿℃　年降水量：＿＿＿＿ mm　年蒸发量：＿＿＿＿ mm

建设年份：＿＿＿＿＿＿　投产年份：＿＿＿＿＿＿　采穗圃经营期：＿＿＿＿＿＿

建圃面积：＿＿＿＿ hm² 大区数：＿＿＿＿个　小区数：＿＿＿＿个　品种数：＿＿＿＿个　各品种株数：＿＿＿＿株

定植方式：＿＿＿＿(株/行)　定植时间：＿＿＿年＿＿＿月＿＿＿日　补植时间：＿＿＿年＿＿＿月＿＿＿日

栽植密度：＿＿＿＿(株/hm²)　株行距：＿＿＿＿ m　初植总株数：＿＿＿＿株　现保存株数：＿＿＿＿株

法人代表：＿＿＿＿　建圃负责人：＿＿＿＿　技术负责人：＿＿＿＿　生产经营许可证号：＿＿＿＿

其他情况(如补植、病虫、火灾、旱灾等)：＿＿＿＿＿＿＿＿＿＿＿＿＿＿＿＿

＿＿＿＿＿＿＿＿＿＿＿＿＿＿＿＿＿＿＿＿＿＿＿＿＿＿＿＿＿＿＿＿＿＿

＿＿＿＿＿＿＿＿＿＿＿＿＿＿＿＿＿＿＿＿＿＿＿＿＿＿＿＿＿＿＿＿＿＿

注：附设计说明书、品种种植图、施工作业野外原始资料。

档案员：＿＿＿＿　技术负责人：＿＿＿＿　填写日期：＿＿＿＿　年　月　日

A.2 建圃良种基本情况登记表

见表 A.2。

表 A.2 建圃良种基本情况登记表

建设单位：_____

品种	良种编号	良种来源	调入良种生产经营许可证号	调入检疫证编号	调入数量/株	备注
1	2	3	4	5	6	7

档案员：　　　技术负责人：　　　填写日期：　　　　　　　年　　月　　日

A.3 主要抚育管理措施登记表

见表 A.3。

表 A.3 主要抚育管理措施登记表

建设单位：＿＿＿＿＿＿＿＿＿＿＿＿＿＿＿＿

年度	品种	除草松土			灌水			施肥			树体管理			病虫害防治			其他	施工负责人
		方法	次数	效果	方法	次数	效果	种类	数量	方法	方式	次数	强度	方法	次数	强度		
1	2	3	4	5	6	7	8	9	10	11	12	13	14	15	16	17	18	19
注：附文字材料。																		

档案员：　　　　　技术负责人：　　　　　填写日期：　　年　　月　　日

A.4 采穗圃管理生产日志

见表 A.4。

表 A.4 采穗圃管理生产日志

建设单位：＿＿＿＿＿＿＿＿＿＿＿＿＿＿＿＿

日期	施工地点（大区、小区）	施工内容	技术要求	存在问题及解决方法	天气	备注

档案员：　　　　　技术负责人：　　　　　填写日期：　　年　　月　　日

A.5 穗条生产档案表

见表 A.5。

表 A.5 穗条生产档案表

建设单位：＿＿＿＿＿＿＿＿＿＿＿＿＿＿＿＿＿＿＿＿＿ 编号：＿＿＿＿＿＿＿

穗条生产情况	品种：		林木良种编号：	
	采穗地点： 县(市、区) 乡(林场) 村(分场)			
	采穗圃面积： hm²		采穗母株年龄：	
	采穗时间： 年 月 日		采穗数量： 根	
	穗条平均粗度： cm		穗条平均长度： cm	
	产地检疫证明： 有□ 无□			
穗条包装与保存方法	包装方式：		包装规格：	
	保存方法：			
穗条产地灾害性气象记录				
档案员：	技术负责人：		填写日期： 年 月 日	

A.6 穗条经营使用档案表

见表 A.6。

表 A.6 穗条经营使用档案表

建设单位：_____　　　　　　　　　　　　　　　　　　编号 _____

品种：			林木良种编号：			
穗条产地：	县(市、区)		乡(林场)	村(分场)		
采集(调入)时间： 年 月 日			数量： 根		种批数： 个	
穗条自用情况						
数量： 根			用途：			
穗条销售情况						
序号	销售时间	销售数量/根	穗条批号	销售合同编号	购买者	购买者联系方式

档案员：　　　　　技术负责人：　　　　　填写日期： 年 月 日

附　录　B

（规范性附录）

穗条检验证书

枸杞穗条质量检验结束后，应填写检验证书，见表B.1和表B.2。

表 B.1　穗条检验证书

编号＿＿＿＿＿＿＿＿＿＿

品种：＿＿＿＿＿＿＿＿＿数量：＿＿＿＿＿＿＿＿＿根　其中：Ⅰ级：＿＿＿＿＿＿＿＿根　Ⅱ：＿＿＿＿＿＿＿根

剪穗日期：＿＿＿＿＿＿＿＿＿供穗日期：＿＿＿＿＿＿＿＿＿供穗单位：＿＿＿＿＿＿＿＿＿

检验意见：＿＿＿＿＿＿＿＿＿＿＿＿＿检验人：＿＿＿＿＿＿＿＿＿＿＿＿＿

签发单位：＿＿＿＿＿＿＿＿＿＿＿＿　　签发日期：＿＿＿＿＿＿＿＿＿＿＿＿＿

表 B.2　穗条检验证书存根

编号＿＿＿＿＿＿＿＿＿＿

品种：＿＿＿＿＿＿＿＿＿数量：＿＿＿＿＿＿＿＿＿根　其中：Ⅰ级：＿＿＿＿＿＿＿＿根　Ⅱ：＿＿＿＿＿＿＿根

剪穗日期：＿＿＿＿＿＿＿＿＿供穗日期：＿＿＿＿＿＿＿＿＿供穗单位：＿＿＿＿＿＿＿＿＿

检验意见：＿＿＿＿＿＿＿＿＿＿＿＿＿检验人：＿＿＿＿＿＿＿＿＿＿＿＿＿

签发单位：＿＿＿＿＿＿＿＿＿＿＿＿　　签发日期：＿＿＿＿＿＿＿＿＿＿＿＿＿

ICS 65.020.40
B 61

DB64

宁 夏 回 族 自 治 区 地 方 标 准

DB64/T 1209—2016

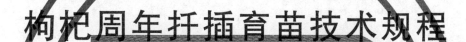

枸杞周年扦插育苗技术规程

Technical specification of annual cuttage seedlings for *Lycium barbarum*

2016-12-28 发布   2017-03-28 实施

宁夏回族自治区质量技术监督局 发 布

前　言

本标准按照 GB/T 1.1—2009 给出的规则起草。

本标准由宁夏回族自治区林业厅提出并归口。

本标准起草单位：中宁县杞鑫枸杞苗木专业合作社、宁夏葡萄酒与防沙治沙职业技术学院、宁夏林业产业发展中心。

本标准主要起草人：郭玉琴、李惠军、祁伟、丁学利、刘超、朱金忠、余峰、张霞、邵峰、张巧仙、王学军、亢彦东。

枸杞周年扦插育苗技术规程

1 范围

本标准规定了枸杞周年扦插育苗技术的术语和定义、采穗圃建立、硬枝扦插、嫩枝扦插、病虫害防治、苗木出圃和档案建立。

本标准适用于宁夏枸杞产区周年枸杞扦插育苗。

2 规范性引用文件

下列文件对于本文件的应用是必不可少的。凡是注日期的引用文件,仅注日期的版本适用于本文件。凡是不注日期的引用文件,其最新版本(包括所有的修改单)适用于本文件。

DB64/T 423　宁夏主要造林树种苗木质量分级

DB64/T 676　枸杞苗木质量

DB64/T 850　枸杞病害防治技术规程

DB64/T 851　枸杞虫害防治技术规程

中华人民共和国植物检疫条例实施细则(林业部分)

3 术语和定义

下列术语与定义适用于本文件。

3.1

周年扦插　annual cutting

1 月~12 月全年扦插繁殖枸杞苗木。

3.2

采穗圃　cutting collecting garden

提供优良穗条的母本种植园。

3.3

硬枝扦插　hardwood cutting

采用当年生或一年生完全木质化的落叶、健壮、无病虫害的枝条,培育枸杞苗木。

3.4

嫩枝扦插　softwood cutting

采用当年生半木质化嫩枝培育枸杞苗木。

4 采穗圃建立

4.1 圃地选择

选择地势平坦,交通便利,渠系配套,排灌畅通,pH 值 8.5 以下,含盐量 0.2% 以下的沙壤土、轻壤土或壤土地。

4.2 品种选择

经自治区林木良种审定委员会审定通过的枸杞品种和生产中广泛推广使用的优良无性系。

4.3 基肥

结合秋季深翻或初春,每 667 m² 施入 4 m²~5 m² 腐熟的有机肥。

4.4 栽植

开宽 40 cm,深 30 cm 的定植沟,按株行距 50 cm×100 cm 栽植,每 667 m² 栽植 1 333 株。

4.5 定干

采穗圃选择灌丛式树形,苗木栽植后定干高度 10 cm,选留 3 根~6 根生长势强、直立的新稍留作种条。

4.6 抚育管理

4.6.1 灌水

采穗圃每年灌水 6 次,时间分别是 4 月中下旬、5 月下旬、6 月下旬、7 月下旬、8 月下旬、11 月灌冬水。

4.6.2 追肥

采穗圃当年在 6 月份每 667 m² 施入尿素 10 kg+磷酸二铵 5 kg+复合肥 5 kg;以后每年 4 月中下旬每 667 m² 一次性施入尿素 15 kg+磷酸二铵 10 kg+复合肥 10 kg,6 月下旬、7 月下旬施入磷酸二铵和复合肥各 20 kg,隔年在秋季施入腐熟的有机肥 3 m³~5 m³。

4.6.3 中耕除草

4 月中下旬、5 月下旬、6 月下旬、7 月下旬、8 月下旬每灌水一次,都要及时进行一次中耕除草,深度 10 cm 左右。

4.7 采条

4.7.1 硬枝

每年秋季或早春剪取粗 0.5 cm 以上完全木质化的枝条作为种条,留茬高度为 8 cm~10 cm。

4.7.2 嫩枝

生长季节剪取粗 0.4 cm 以上半木质化枝条作为插穗,留茬高度为 5 cm~8 cm。

5 硬枝扦插

5.1 大田硬枝扦插

5.1.1 土壤选择

同 4.1。

5.1.2 土壤处理

结合浅翻,每 667 m² 均匀撒施 5‰毒死蜱颗粒剂 3 kg～4 kg 消灭地下害虫。

5.1.3 整地施肥

繁育圃每年秋季,结合深翻每 667 m² 施入有机肥 3 m³～5 m³,同时施入尿素 15 kg＋磷酸二铵 10 kg＋复合肥 10 kg,灌足冬水;翌年 4 月初,按照高 5 cm～10 cm,宽 50 cm 做床。

5.1.4 扦插时间

4 月初至 4 月底。

5.1.5 插穗剪截

将一年生种条,剪成长 13 cm～14 cm 的插穗,上剪口剪成平口,下剪口剪成 45°斜口,每 50 根或 100 根一捆。

5.1.6 插穗预处理

用 80 mg/L 生根粉溶液(吲哚 3 丁酸 50 mg＋α萘乙酸 30 mg＋水 1 000 mL)浸泡插穗,深度 6 cm,浸泡时间 2 h～12 h,以插穗顶部髓心湿润为准。

5.1.7 插穗倒埋催根处理

选择背风向阳的地方,用潮湿河沙垫底,厚度 20 cm。经过生根剂处理后的插穗成捆依次梢部朝下倒置在河沙上,用潮湿河沙填满插穗与插穗、捆与捆之间空隙,四周用 30 cm 厚的河沙围严拍实。上覆 7 cm～10 cm 厚的潮湿河沙,催根时间 7 d～15 d,插穗基部微裂达到 40%时,扦插。

5.1.8 扦插

按株行距 4 cm×25 cm,在苗床上拉线开沟,沟深 8 cm 左右,宽 3 cm～5 cm,沟内浇透水。将处理好的插穗轻轻插入泥土中,覆实,插穗上部露出地表 5 cm,覆盖地膜,避免损伤插穗基部皮层或倒插插穗。

5.1.9 插后管理

5.1.9.1 破膜

扦插后 15 d～20 d 每天检查,发现膜下有萌芽时及时破膜,破膜后用土压实薄膜空隙。

5.1.9.2 灌水

苗木高度达到 30 cm 以上时灌第一次水。浅灌避免田间积水。以后灌水可依据土壤墒情每隔 15 d～20 d 灌水一次,整个生长期灌水 4 次～5 次。

5.1.9.3 中耕除草

中耕除草 2 次,5 月中旬左右一次,深度 5 cm～8 cm;7 月中旬左右一次,直接拔除杂草。

5.1.9.4 追肥

全年追肥 2 次～3 次。6 月中下旬,苗高 50 cm 以上时结合灌二水,进行第一次追肥,每 667 m² 施尿素 15 kg＋复合肥 20 kg＋硫酸钾 10 kg；第二次追肥结合灌三水，每 667 m² 沟施腐殖酸有机肥120 kg＋磷酸二铵 20 kg＋尿素 15 kg；以后，根据苗木长势确定第三次追肥数量和肥料种类。

5.1.9.5 抹芽

每根插穗选留 1 个直立、生长势强的新梢，及时抹除和剪去其他侧芽、侧枝。同时，及时清除距地面 40 cm 以下的侧枝，在苗高 80 cm 时摘心。

5.1.9.6 拉线扶苗

苗高 40 cm～50 cm 时，在苗床的两头沿行用细铁丝或防晒绳拉线扶苗。

5.1.9.7 去杂

去除不符合繁育品种性状的杂劣苗木。

5.2 设施硬枝扦插

5.2.1 设施选择

选用日光温室和加温日光温室。

5.2.2 扦插时间

10 月份选择日光温室扦插。1 月、2 月、3 月、11 月、12 月选择加温日光温室扦插。

5.2.3 土壤处理

结合浅翻，每座温棚(480 m²)施入腐殖酸有机肥 100 kg＋磷酸二铵 20 kg＋复合肥 20 kg 后灌足水。同时，做床前均匀撒施 5％毒死蜱颗粒剂 2 kg～3 kg 浅翻消灭地下害虫，并土壤喷洒 10％多菌灵 800 倍液杀菌消毒或每座棚用百菌清烟雾剂进行熏蒸杀毒。

5.2.4 做床

床高 10 cm～15 cm，宽 50 cm。

5.2.5 插条剪截

同 5.1.5。

5.2.6 插条预处理

同 5.1.6。

5.2.7 电热温床催根处理

在棚内选择一块地，铺一层砖或保温板，用微膜将电热毯两面包好平铺上面，然后在电热毯上铺 10 cm厚的湿沙。将处理好的插穗单层整齐排放在上面。用潮湿河沙填充插穗与插穗、捆与捆之间空隙，四周用 20 cm 厚的河沙围严拍实，上盖 7 cm～10 cm 厚的潮湿河沙。利用 2 d～3 d 时间，使沙内温度上升保持在 20 ℃～25 ℃。每天喷水 2 次～3 次。催根 5 d～7 d，插穗基部微裂达到 40％时，扦插。

5.2.8 扦插

按株行距 4 cm×25 cm，在苗床上开沟，沟深 7 cm，宽 3 cm～5 cm，沟内浇水。把处理好的插穗轻轻插入泥土中,覆实,插穗上部露出地表 6 cm。扦插时避免损伤插穗基部皮层或倒插插穗。

5.2.9 温度控制

1 月、2 月、3 月、10 月、11 月、12 月,根据天气状况,利用温室保温、加温设备调控温度,使温室温度保持在 16 ℃～30 ℃。

5.2.10 插后管理

5.2.10.1 杀菌

扦插后,每隔 10 d～15 d,用多菌灵、甲基硫菌灵、普力克等喷雾交替杀菌。或用百菌清进行烟熏杀菌,每间隔 8 m 放置一小包,在傍晚时点燃。

5.2.10.2 温度

发芽前,紧闭通风口。发芽后,温度达到 35 ℃以上时少量打开顶部通风口通风 0.5 h～1 h。苗高 20 cm～30 cm 时,温度达到 30 ℃以上时,打开顶部通风口通风 1 h～2 h。

5.2.10.3 灌水

苗木生长高度达到 30 cm 时灌第一次水,苗床沟内见水即可。以后灌水视土壤墒情和苗木生长状况定。

5.2.10.4 追肥

结合灌第一水,进行第一次追肥,每座温棚施尿素 10 kg＋复合肥 15 kg＋硫酸钾 5 kg;以后追肥结合灌水,追肥数量和肥料种类根据苗木长势确定。

5.2.10.5 松土除草

灌第一次水后及时中耕除草,深度 5 cm～8 cm;以后根据杂草生长,随时拔除。

5.2.10.6 抹芽

同 5.1.9.5。

5.2.10.7 拉线扶苗

同 5.1.9.6。

5.2.10.8 去杂

同 5.1.9.7。

5.2.10.9 炼苗

10 月、11 月、12 月扦插、苗高 50 cm～60 cm 时,在翌年 2 月下旬,采用渐进式通风方法炼苗,每天先打开顶部通风口 1 h～5 h 通风 8 d～10 d;再打开两端风口每天通风 1 h～5 h,通风 6 d～8 d;最后打开底部通风口每天通风 1 h～5 h,逐渐使苗木茎杆木质化,8 d～10 d 后撤去棚膜。

6 嫩枝扦插

6.1 嫩枝扦插设施

6.1.1 拱棚规格

采用 $\Phi6$ 钢管，建长 70 m×宽 6 m×高 2.3 m 的简易塑膜拱棚。钢管两端插入地下 25 cm，钢管间距 1.5 m，在拱棚顶部用 $\Phi6$ 钢管拉一道横杆，在拱棚两侧距地面 1.5 m 处用 $\Phi6$ 钢管各拉一道横杆。选择宽 9 m 的无滴长寿棚膜，膜上覆宽 10 m 遮阳网。

6.1.2 喷雾设施

主管采用 $\Phi50$PE 管，棚内支管采用 $\Phi32$PE 管铺于苗床中部。支管上安装高度 50 cm～60 cm 的地插微喷，喷幅 300 cm，地插微喷之间距离 2.8 m。

6.2 做床

与棚长平行，用河沙做成 2 个宽 2.8 m、厚 4 cm 的沙床，中间步道宽 40 cm。扦插前先高温闷棚 3 d～5 d，扦插前 1 d 用 0.2%～0.4% 的高锰酸钾溶液或 600 倍多菌灵溶液喷洒苗床灭菌消毒。

6.3 插条采集时间

5 月、6 月、7 月、8 月、9 月。

6.4 插穗剪截

6.4.1 5 月、6 月、7 月，选择当年生半木质化嫩枝（枝条基部截面髓心白色部分占枝条截面的 1/3 以上），剪成粗 0.4 cm 以上，长 10 cm～13 cm 的插穗。同时，剪去插穗下部 2 片～3 片叶片。

6.4.2 8 月、9 月，在采穗圃采集当年生半木质化嫩枝（枝条基部截面髓心白色部分占枝条截面的 2/3 以上），剪成粗 0.4 cm 以上，长 10 cm～13 cm 的插穗。同时，剪去插穗下部 2 片～3 片叶片。

6.5 生根剂处理

6.5.1 5 月、6 月、7 月用 800 mg/L 生根粉溶液（吲哚 3-丁酸 560 mg＋α-萘乙酸 240 mg＋水 1 000 mL）＋滑石粉 50 g，搅匀。

6.5.2 8 月、9 月用 600 mg/L 生根粉溶液（丁酸 420 mg＋α-萘乙酸 180 mg＋水 1 000 mL）＋滑石粉 500 g，搅匀。

6.6 扦插

按 10 cm×10 cm 的株行距定点打孔，孔深 4 cm。插条基部速蘸配制好的生根粉溶液 3 cm～4 cm，让生根粉溶液均匀的沾附于插穗表面，然后插入孔内，用手指挤压按实。

6.7 插后管理

6.7.1 杀菌

扦插当天喷洒多菌灵或普力克进行杀菌，以后每隔 5 d，采用多菌灵、甲基硫菌灵、瑞苗清等交替杀菌。

6.7.2 温湿度控制

上午 9：00－11：00 和下午 16：00－18：00，每隔 60 min～70 min 喷一次水，喷水时间 20 s；中午 11：00－16：00，温度达到 30 ℃时，每隔 30 min～40 min 喷一次水，喷水时间 1 min。棚内温度保持在 20 ℃～25 ℃，最高温度不得超过 38 ℃；湿度保持在 85％～90％。

6.7.3 光照控制

6.7.3.1 6月中旬、7月、8月，选用透光率约 20％的遮阳网。
6.7.3.2 5月、6月上旬、9月，选用透光率约 40％的遮阳网。

6.7.4 炼苗

5月、6月、7月、8月、9月扦插苗，通风时间分别为扦插后 25 d、20 d、18 d、20 d～25 d、30 d 左右。先打开一侧上端的薄膜，通风 3 d～4 d 后，用同样方法打开另一侧薄膜，6 d～8 d 去棚膜，4 d～5 d 后选择下午或阴天去掉遮阳网。

6.7.5 苗期管理

6.7.5.1 肥水管理

通风炼苗后，继续微喷管理至苗高 35 cm 左右时撤去微喷，灌第一水，结合灌水每 667 m² 施硝酸钾 15 kg＋磷酸二铵 10 kg，以后根据苗木生长状况每隔 20 d 左右灌水施肥一次。

6.7.5.2 除草

除草一次，第一次灌水后及时拔出杂草。

6.7.5.3 抹芽

每根插穗选留 1 个直立、生长势强的新梢，及时抹除和剪去其他侧芽、侧枝，同时，及时清除距地面 40 cm 以下的侧枝。

6.7.5.4 去杂

同 5.1.9.7。

7 病虫害防治

7.1 苗圃中常见的病害有枸杞白粉病、枸杞腐烂病；虫害有枸杞蚜虫、枸杞木虱、枸杞负泥虫、枸杞瘿螨、枸杞蓟马。
7.2 病虫害防治参照 DB64/T 850、DB64/T 851 及相关防治技术执行。

8 苗木出圃

8.1 起苗

采用机械起苗。起苗深度 20 cm～30 cm。保持根系的完整性。

8.2 苗木等级

8.2.1 枸杞硬枝扦插苗木质量等级参照 DB64/T 423 规定执行。

8.2.2 枸杞嫩枝扦插苗木质量等级见附录 A 中表 A.1。

8.3 检验

参照 DB64/T 676、DB64/T 423 规定执行。

8.4 苗木贮藏

硬枝扦插苗一级苗 30 株/捆,二级苗 50 株/捆;嫩枝扦插苗一级苗 50 株/捆,二级苗 100 株/捆。用 80 mg/L 生根粉溶液(吲哚 3-丁酸 50 mg＋α-萘乙酸 30 mg＋水 1 000 mL)＋黄土,搅匀;速蘸苗木根系,蘸后在冷库或地窖内用湿河沙假植。贮藏期间,温度控制在 5 ℃～8 ℃,湿度保持在 60%～80%。

8.5 苗木包装、运输

每捆苗木根系用聚乙烯塑料袋进行包装,附标签和合格证,遮盖篷布运输。

8.6 苗木检疫

严格按《中华人民共和国植物检疫条例实施细则(林业部分)》及其他有关法规、规章执行。

9 档案建立

9.1 内容

将采穗圃及繁育基地的建造、生产、销售等全过程,按照相关要求登记记录。

9.2 要求

档案记录及时准确、真实完整,详实规范。

附　录　A
（规范性附录）
枸杞嫩枝扦插苗木质量等级

枸杞嫩枝扦插苗木质量等级见表 A.1。

表 A.1　枸杞嫩枝扦插苗木质量等级

项目		规格		
		Ⅰ级	Ⅱ级	Ⅲ级
茎	高度	≥60 cm	≥50 cm	≥40 cm
	地径	≥0.6 cm	0.6 cm～0.5 cm	0.4 cm 以上
	木质化程度	充分木质化	充分木质化	充分木质化
根	Ⅰ级侧根数	≥6	≥5	≥4
	根幅	≥60 cm	50 cm～59 cm	40 cm～49 cm
注1：Ⅰ级侧根 L≥20 cm、Φ≥0.3 cm。				

ICS 65.020.20
B 16

DB64

宁夏回族自治区地方标准

DB64/T 1575—2018

枸杞品种抗性鉴定 枸杞瘿螨

Identification of Lycium varieties resistance—*Aceri macrodonis* Keifer

2018-12-18 发布   2019-01-17 实施

宁夏回族自治区市场监督管理厅 发布

前　言

本标准按照 GB/T 1.1—2009 给出的规则起草。

本标准由宁夏农林科学院提出。

本标准由宁夏回族自治区林业和草原局归口。

本标准起草单位：宁夏农林科学院植物保护研究所、宁夏农林科学院枸杞工程技术研究所、宁夏枸杞产业发展中心。

本标准主要起草人：何嘉、张蓉、安巍、王亚军、刘畅、王芳、胡学玲、乔彩云、李国民、马利奋、张雨。

枸杞品种抗性鉴定　枸杞瘿螨

1　范围

本标准规定了枸杞品种室内和田间对枸杞瘿螨抗性鉴定的术语和定义、鉴定方法和鉴定报告。

本标准适用于枸杞品种对瘿螨的抗性鉴定与监测。

2　规范性引用文件

下列文件对于本文件的应用是必不可少的。凡是注日期的引用文件,仅注日期的版本适用于本文件。凡是不注日期的引用文件,其最新版本(包括所有的修改单)适用于本文件。

DB64/T 852—2013　枸杞病虫害监测预报技术规程

3　术语和定义

下列术语和定义适用于本文件。

3.1

枸杞瘿螨

枸杞瘿螨(*Aceri macrodonis* Keifer)隶属于蜱螨目(Acarina)瘿螨科(Eriophyidae),是危害枸杞的主要害虫,主要危害叶片、嫩梢、花蕾、果柄和幼果,被害部位呈紫色或黑色痣状虫瘿,造成落叶或不能正常开花结果,严重影响枸杞生长和产量。枸杞瘿螨成虫体长 0.08 mm～0.3 mm,全体橙黄色,长圆锥形,卵圆球形,直径 0.03 mm,乳白色,透明。年发生 8 代～12 代,气温 5 ℃以下,以雌成螨在芽缝内、树皮缝及木虱成虫体内越冬;4 月上中旬越冬成螨开始活动,或经木虱成虫等携带传播,春季出蛰后钻入叶片内取食、形成虫瘿并在其中产卵,气温 20 ℃左右瘿螨活动活跃,5 月上旬至 6 月上旬和 8 月下旬至 9 月中旬是瘿螨发生的两个高峰期。

3.2

自然虫源

植物在自然生长状态下,无人为助迁,植株体上感染的虫源。

4　鉴定方法

4.1　室内鉴定

4.1.1　供试虫源

采集田间自然生长情况下枸杞植株上直径 4 mm 大于的虫瘿包,在显微镜下解剖,提取成螨。

4.1.2　室内种植管理

供试枸杞苗选择同一龄期,经杀菌剂粘根消毒处理后,在温室种植于直径 30 cm、深 30 cm 的花盆中,定枝高度 50 cm,每品种种植 50 盆以上,各品种间罩 80 目纱网隔离,保证试验前期没有任何病虫害发生。

4.1.3 接虫

枸杞品种(品系)发枝展叶期,将瘿螨的成螨接到枸杞叶片上,每株苗接 50 头成螨;接虫后每一品种罩纱笼进行隔离。

4.1.4 调查方法

接虫 14 d～21 d 后,每株枸杞随机抽取 1 个有瘿螨危害的枝条进行调查,按照螨害分级标准,调查枝条梢部 25 片叶上螨害发生程度,计算螨害指数。

4.2 田间鉴定

4.2.1 供试虫源

田间自然虫源。

4.2.2 试验设计

试验地株行距 1 m×3 m,要求肥力一致,每一品种重复 3 次,小区面积 60 m²～120 m²。

4.2.3 调查时间

在瘿螨发生高峰期 5 月上旬至 6 月上旬和 8 月下旬至 9 月中旬进行调查。

4.2.4 调查方法

每小区采用 5 点取样法,每点随机调查 2 株,每株分别在东、西、南、北、中 5 个方位上随机抽取 1 个枝条,按照螨害分级标准,调查梢部 25 个叶片上螨害发生程度。计算螨害指数。

4.3 螨害分级标准

枸杞瘿螨螨害分级标准如下:
a) 0 级:无为害;
b) 1 级:有 1 个～2 个小于 1 mm 虫瘿斑;
c) 3 级:有 2 个～3 个大于 1 mm 虫瘿斑;
d) 5 级:有 3 个以上 2 mm 以下虫瘿斑;
e) 7 级:有 2 mm 以上虫瘿斑;
f) 9 级:有致畸叶片或嫩枝。

4.4 螨害指数计算方法

螨害指数按式(1)计算:

$$螨害指数 = \frac{\sum(各级被害叶片数 \times 相对的级数值)}{调查总叶片数 \times 9} \times 100\%$$

$$\cdots\cdots(1)$$

4.5 评价方法

螨害比值按式(2)计算:

$$螨害比值 = \frac{某品种的螨害指数}{全部调查品种的螨害指数}$$

$$\cdots\cdots(2)$$

4.6 抗性评价标准

抗性评价标准见表1。

表 1 枸杞瘿螨的抗性评价标准

螨害等级	螨害比值	抗性评价
0	0	免疫 Immune(I)
1	0~0.1	高抗 Highly Resistant(HR)
2	0.11~0.5	中抗 Moderately Resistant(MR)
3	0.51~1	低抗 Lowly Resistant(LR)
4	1.1~1.5	低感 Lowly Susceptible(LS)
5	1.51~2	中感 Moderately Susceptible(MS)
6	＞2	高感 Highly Susceptible(HS)

5 鉴定报告

5.1 试验概况

概述试验目的、鉴定材料、鉴定单位、鉴定方法与评价标准等基本情况。

5.2 结果与分析

以各试验小区为单位,以室内结果为主要评价依据,参照田间鉴定结果,列出相应的数据,综合分析评价各品种的抗性表现。枸杞品种(品系)抗瘿螨鉴定结果汇报格式参见表A.1和表B.1。

5.3 小结与讨论

根据田间监测结果阐明本年度抗性鉴定结果的有效性,再对试验品种的抗性分布概况进行简要描述。

附　录　A

（规范性附录）

枸杞瘿螨田间发生情况调查

枸杞瘿螨田间发生情况调查记录见表 A.1。

表 A.1　枸杞瘿螨田间发生情况调查记录表

调查项目:枸杞螨田间发生情况调查　　　　　　　　　　　　　　　调查地点:

调查时间:　　　　　　　　　　天气情况:　　　　　　　　　　　调查记录人:

枸杞树	不同方位枝条	枸杞瘿螨危害级数						螨害指数
		0	1	3	5	7	9	
1	东							
	南							
	西							
	北							
	中							
	总和							
2	东							
	南							
	西							
	北							
	中							
	总和							
……	……							
平均螨害指数	—	—	—	—	—	—	—	—

附 录 B

（规范性附录）

室内和田间枸杞品种抗螨鉴定结果记载

枸杞品种抗瘿螨鉴定结果记载见表 B.1。

表 B.1 枸杞品种抗瘿螨鉴定结果

枸杞品种（品系）	平均螨害指数	螨害比值	抗性级别
品种 1			
品种 2			
品种 3			
……			
品种 n			
所有品种平均螨害指数			

四、栽培技术标准

ICS 11.120.01
B 38

中华人民共和国国家标准

GB/T 19116—2003

枸 杞 栽 培 技 术 规 程

Lycium culture technics operatings

2003-05-16 发布　　　　　　　　　　　　2003-11-01 实施

中 华 人 民 共 和 国
国家质量监督检验检疫总局　发 布

前　言

本标准由宁夏回族自治区质量技术监督局提出。

本标准由宁夏林业局归口。

本标准起草单位:宁夏回族自治区农林科学院枸杞研究所、宁夏回族自治区果树技术工作站、宁夏回族自治区中宁县枸杞产业管理局、宁夏回族自治区标准化协会。

本标准主要起草人:李润淮、胡忠庆、赵世华、石志刚、冯建华、张运迪、何仲文、李良。

枸 杞 栽 培 技 术 规 程

1 范围

本标准规定了枸杞栽培的适宜区域、优良品种、优质丰产指标、育苗、建园、栽植、土肥水管理、整形修剪、病虫害防治、鲜果采收、制干和贮存。

本标准适用于枸杞种植者进行栽培及管理。

2 规范性引用文件

下列文件中的条款通过本标准的引用而成为本标准的条款。凡是注日期的引用文件,其随后所有的修改单(不包括勘误的内容)或修订版均不适用于本标准,然而,鼓励根据本标准达成协议的各方研究是否可使用这些文件的最新版本。凡是不注日期的引用文件,其最新版本适用于本标准。

GB 3095—1996 环境空气质量标准

GB 5084—1992 农田灌溉水质标准

GB 15618—1995 土壤环境质量标准

GB/T 18672—2002 枸杞(枸杞子)

3 优质丰产指标

3.1 树体指标

树型以矮冠自然半圆形为主,株高 160 cm 左右,冠幅 170 cm 左右,地径 5 cm 以上,每0.067 hm² 结果枝 4 万条~6 万条。

3.2 产量指标

栽植第一年每 0.067 hm² 产干果 30 kg 以上,第二年 80 kg 以上,第三年 100 kg 以上,第四年 150 kg 以上,第五年进入成龄期产干果 200 kg 以上。

3.3 质量指标

枸杞质量按照 GB/T 18672—2002 执行,特优率 15% 以上,特级率 35% 以上,甲级率 35% 以上。

4 栽培的适宜区域

4.1 气候条件

北纬 30°~45°,东经 80°~120°,年平均气温 5.6℃~12.6℃,大于等于 10℃年有效积温 2 800℃~3 500℃,年日照时数 3 000 h 以上,无灌溉条件下,年降雨量 400 mm~700 mm。

4.2 立地条件

土壤类型:淡灰钙土、灌淤土、黑垆土。土质为轻壤土、壤土。有机质含量 1% 以上,土壤含盐量 0.5% 以下;地下水位 100 cm 以下,引水灌区水矿化度 1 g/L,苦水地区水矿化度 3 g/L~6 g/L。

4.3 环境质量

4.3.1 水质达到 GB 5084—1992 二级以上标准。

4.3.2 大气环境达到 GB 3095—1996 二级以上标准。

4.3.3 土壤质量达到 GB 15618—1995 二级以上标准。

5 优良品种

以国家科技成果重点推广计划(农 1-4-0-30)宁夏枸杞(Lycium barbarum L.)的品种"宁杞 1 号"为

主,适当发展"大麻叶"品种。

5.1 植物学特性

5.1.1 宁杞1号:叶色深绿,老枝叶披针形,新枝叶条状披针形,叶长4.65 cm～8.60 cm,叶宽1.23 cm～2.80 cm,当年生枝灰白色,多年生枝灰褐色。果实浆果,红色,果身具4条～5条纵棱,果形柱状,顶端有短尖或平截,花紫堇色。

5.1.2 大麻叶:叶色深绿,质地厚,老枝叶条状披针形,新枝叶卵状披针形或椭圆状披针形,叶长6 cm～9 cm、宽1.5 cm～2 cm,叶面微向叶背反卷,当年生枝青灰色,多年生枝灰褐色或灰白色。果实浆果,红色,果实顶端具一短尖,果身棒状而略方。

5.2 品种鉴定

由国家授权的法定检测机构鉴定,出具品种鉴定证明。

6 培育苗木

采用无性繁殖法——硬枝扦插为主培育苗木。

6.1 选择母树

在已确定推广繁育优良品种——"宁杞1号"、大麻叶的采穗圃内,选择树龄较小的健壮植株。

6.2 采条时间

春季树液流动至萌芽前。

6.3 采条部位

采集树冠中、上部着生的枝条。

6.4 采集枝型

一年生中间枝和徒长枝。

6.5 采条粗度

0.5 cm～0.8 cm。

6.6 剪截插条

选择无破皮、无虫害的枝条,截成15 cm～18 cm长的插条,上下留好饱满芽,每100根～200根一捆。

6.7 生根剂处理

插穗下端5 cm处浸入100 mg/L～150 mg/L吲哚丁酸(IBA)水溶液中浸泡2 h～3 h,或用ABT生根粉处理。

6.8 扦插方法

在地势平坦、排灌畅通、土质肥厚的轻壤土,地下水位120 cm以下,pH值不大于8,有机质含量1%以上,土壤含盐量0.3%以下,深翻25 cm,平整高差小于5 cm,耙糖,清除石块与杂草。按行距50 cm定线,株距10 cm定点,人工在定线上开沟或劈缝,将插条下端轻轻直插入沟穴内,封湿土踏实,地上部留1 cm,外露一个饱满芽,上面覆一层细土,用脚拢一土棱,如果土壤墒情差,可不覆碎土,直接按行盖地膜。在干旱地区搞硬枝扦插,先浇透水然后再整地作畦。

6.9 插条量

每0.067 hm²扦插约1.3万根插条。

6.10 出苗量

每0.067 hm²产合格苗0.7万株～0.8万株。

6.11 苗圃管理

6.11.1 灌水

插条生长的幼苗15 cm以上时灌第一水,6月下旬、7月下旬各灌水一次。

6.11.2 中耕除草

幼苗生长高度达 10 cm 以上时,中耕除草,疏松土壤,深 5 cm;6 月、7 月、8 月各一次,深 10 cm。

6.11.3 修剪

苗高 20 cm 以上时,选一健壮枝作主干,将其余萌生的枝条剪除。苗高 40 cm 以上时剪顶,促进苗木主干增粗生长和分生侧枝生长,提高苗木木质化质量。

6.11.4 追肥

6 月、7 月各追肥一次。第一次行间开沟每 0.067 hm² 施入 6.9 kg 纯氮,第二次行间开沟每 0.067 hm² 施入 3 kg 纯氮、3 kg 纯磷、3 kg 纯钾,施入后封沟灌水。

6.12 苗木出圃

出圃前 7 天左右灌起苗水,随出圃随移栽。翌年春季可于 3 月下旬至 4 月上旬土壤解冻后出圃移栽,起苗时不伤皮、不伤根,主根完整,须根长 20 cm 左右。

6.13 苗木规格

一级:苗株高 50 cm 以上,地径 0.7 cm 以上;二级:苗株高 40 cm～50 cm 以上,地径 0.5 cm～0.7 cm;三级:苗株高 40 cm 以下,地径 0.5 cm 以下。

6.14 包装运输

苗木根系沾泥浆,每 50 棵一捆,装入草袋,草袋下部填入少许锯末,洒水捆好。外挂标签,写明苗木品种、规格、数量、出圃日期,具备产地证、合格证、苗木检疫证书。

7 建园

7.1 园地选择

选择地势平坦,有排灌条件,地下水位 100 cm～150 cm,土壤较肥沃的沙壤、轻壤或中壤;土壤含盐量 0.5% 以下,pH 值 8 左右,活土层 30 cm 以上。

7.2 园地规划

集中连片,规模种植,也可因地制宜分散种植,园地应远离交通干道 100 m 以上。

7.2.1 设置渠、沟、路

依据园地大小和地势,规划灌水渠、排水沟;大面积集中栽培区依据水渠灌溉能力划分地条,并设置作业道路。

7.2.2 营造防护林带

农田防护林的主林带与当地主风方向垂直,林带间距 200 m,每条林带栽树 5 行～7 行,株行距 1.5 m×2 m;副林带与主林带垂直,设置在地条两头,栽树 3 行～5 行,株行距 1.5 m×2 m,以乔灌木相结合混栽。

7.2.3 整地

头年秋季依地条平整土地,平整高差小于 5 cm,深耕 25 cm,耙糖后依 0.033 5 hm²～0.067 hm² 为一小区,做好隔水埂,灌冬水,以备翌年春季栽植苗木。

7.3 栽植

7.3.1 时间

春栽于土壤解冻至萌芽前,秋栽于土壤结冻前。

7.3.2 密度

小面积分散栽培 0.067 hm²～0.67 hm²,株行距 1 m×2 m,每 0.067 hm² 栽植 333 株;大面积集中栽植,成地条 0.67 hm² 以上,株行距 1 m×3 m,每 0.067 hm² 栽植 222 株。也可株行距 2 m×3 m,1.5 m×3 m。

7.3.3 方法

按株行距定植点挖坑,将表土与底土分放,表土与肥混合均匀,填入坑底,规格 40 cm×40 cm×50 cm(长×宽×深),坑内先施入经完全腐熟厩肥(纯氮 0.04 kg、纯磷 0.02 kg、纯钾 0.03 kg)加氮、磷复合肥(纯氮 0.03 kg、纯磷 0.03 kg、纯钾 0.03 kg),与土拌匀后准备栽苗。苗木定植前用100 mg/L萘乙酸水溶液沾根 5 s后,放入栽植坑填湿土,提苗、踏实,再填土至苗木基茎处,再踏实,覆土略高于地面。栽植完毕及时灌水。

8 幼龄期(1年~4年)管理技术

8.1 定干修剪

栽植的苗木萌芽后,将主干基茎以上 30 cm(分枝带)以下的萌芽剪除,分枝带以上选留生长不同方向并有 3 个~5 个间距的侧芽或侧枝 3 条~5 条作为形成小树冠的骨干枝(树冠的第一层冠),于株高 50 cm~60 cm 处剪顶。

8.2 夏季修剪

5 月下旬至 7 月下旬,每间隔 15 天剪除主干分枝带以下的萌条,将分枝带以上所留侧枝于枝长 20 cm处短剪,促其萌发二次结果枝;侧枝上向上生长的壮枝(中间枝)选留靠主干的不同方向的枝条 2 条~3 条(每条间隔 10 cm)作为小树冠的主枝,于 30 cm 处剪顶,促发分枝结果。

8.3 土壤培肥

8.3.1 施肥原则

营养平衡施肥,依产量而施肥。

8.3.2 施肥时间

3 月~5 月、7 月上旬、10 月。

8.3.3 施肥方法

施肥可采用穴肥、环状、放射沟交替进行。

8.3.4 施肥量

每株全年施入纯氮、纯磷、纯钾总量,参考如下:

第一年:纯氮 0.059 19 kg、纯磷 0.040 02 kg、纯钾 0.024 3 kg;

第二年:纯氮 0.157 84 kg、纯磷 0.160 72 kg、纯钾 0.064 8 kg;

第三年:纯氮 0.197 30 kg、纯磷 0.133 40 kg、纯钾 0.081 0 kg;

第四年:纯氮 0.295 95 kg、纯磷 0.200 10 kg、纯钾 0.121 5 kg。

注意增加微肥。

8.4 叶面喷肥

2 年~4 年枸杞植株于 5 月~8 月中每月中旬各喷洒一次枸杞叶面专用肥。

8.5 及时防虫

防治蚜虫采用生物源农药(如苦参素),防治负泥虫选用广谱性触杀剂,防治锈螨采用矿物源农药(如硫磺胶悬剂)。

8.6 适时灌水

4 月~9 月灌水 5 次,每 0.067 hm² 进水量 50 m³ 左右;冬水在 11 月上旬每 0.067 hm² 进水量 70 m³ 左右。

8.7 中耕翻园

5 月~8 月中耕除草 4 次,深度 15 cm;9 月翻晒园地一次,深度 25 cm,树冠下 15 cm,不碰伤植株基茎。

8.8 秋季修剪

9 月~10 月剪除植株根茎、主干、冠层所抽生的徒长枝。

9 半圆树型培养

第一年定干剪顶,第二、三年培养基层,第四年放顶成型。

10 成龄期(5年以上)管理技术

10.1 修剪

10.1.1 整形修剪

10.1.1.1 原则

巩固充实半圆形树型,冠层结果枝更新,控制冠顶优势,调节生长与结果的关系。

10.1.1.2 时间

枸杞植株休眠期1月~3月。

10.1.1.3 方法

10.1.1.3.1 剪:剪除植株根茎、主干、膛内、冠顶着生的无用徒长枝及冠层病、虫、残枝和结果枝组上过密的细弱枝,老结果枝。

10.1.1.3.2 截:交错短截树冠中、上部分布的中间枝和强壮结果枝。

10.1.1.3.3 留:选留冠层生长健壮的分布均匀的一年生至二年生结果枝。

10.1.1.3.4 树冠总枝量剪、截、留各三分之一左右。

10.1.2 春季修剪

10.1.2.1 时间

4月下旬至5月上旬。

10.1.2.2 内容

抹芽剪干枝及除蘖。

10.1.2.3 方法

沿树冠自下而上将植株根茎、主干、膛内、冠顶(需偏冠补正的萌芽、枝条除外)所萌发和抽生的新芽、嫩枝抹掉或剪除,同时剪除冠层结果枝梢部的风干枝。

10.1.3 夏季修剪

10.1.3.1 时间

5月中旬至7月上旬。

10.1.3.2 内容

剪除徒长枝,短截中间枝,摘心二次枝。

10.1.3.3 方法

沿树冠自下而上,由里向外,剪除植株根茎、主干、膛内、冠顶处萌发的徒长枝,每15天修剪一次,对树冠上层萌发的中间枝,将直立强壮者隔枝剪除,留下者于20 cm处打顶或短截,对树冠中层萌发的斜生生长的中间枝于枝长25 cm处短截。6月中旬以后,对所短截枝条所萌发的二次枝有斜生者于20 cm摘心,促发分枝结秋果。

10.1.4 秋季修剪

10.1.4.1 时间

11月,也可延迟到休眠期修剪。

10.1.4.2 内容

剪除徒长枝。

10.1.4.3 方法

剪除植株冠层着生的徒长枝。

10.2 土肥水管理

10.2.1 土壤耕作

10.2.1.1 浅耕

10.2.1.1.1 时间:3月下旬~4月上旬。

GB/T 19116—2003

10.2.1.1.2 深度:15 cm,树冠下 10 cm。

10.2.1.1.3 要求:行间深浅一致,树冠下不碰伤主干与根茎。

10.2.1.2 中耕除草

10.2.1.2.1 时间:5月～8月,每月中旬各一次。

10.2.1.2.2 深度:15 cm,树冠下 10 cm。

10.2.1.2.3 要求:中耕均匀不漏耕,清除杂草。

10.2.1.3 翻晒园地

10.2.1.3.1 时间:9月中旬。

10.2.1.3.2 深度:行间 25 cm,株间 15 cm。

10.2.1.3.3 要求:翻晒均匀不漏翻,树冠下作业不伤根茎。

10.2.2 施肥(参考值)

10.2.2.1 土壤培肥

10.2.2.1.1 基肥

10.2.2.1.1.1 时间:9月～11月。

10.2.2.1.1.2 种类:饼肥,腐熟的厩肥,氮、磷、钾复合肥。

10.2.2.1.1.3 施量:每1株施纯氮 0.236 76 kg、纯磷 0.160 08 kg、纯钾 0.097 2 kg。

10.2.2.1.1.4 方法:沿树冠外缘开环状或对称沟40 cm×20 cm×40 cm(长×宽×深),表土与底土分放,将定量的肥料与表土拌匀后填入沟底,底土填入表层封沟。

10.2.2.1.2 追肥

10.2.2.1.2.1 时间:4月中旬、6月上旬。

10.2.2.1.2.2 种类:枸杞专用肥,氮、磷、钾复合肥。

10.2.2.1.2.3 施量:每株每次施入纯氮 0.078 92 kg、纯磷 0.053 36 kg、纯钾 0.032 4 kg。

10.2.2.1.2.4 方法:沿树冠外缘开沟,沟深 20 cm,深施定量的肥料与土拌匀后封沟。

10.2.2.2 叶面喷肥

10.2.2.2.1 时间:5月～7月,每月各两次。

10.2.2.2.2 种类:枸杞叶面专用肥或其他营养液肥。

10.2.2.2.3 喷量:背负式喷雾每 0.067 hm² 40 kg 肥液,机动式喷雾每 0.067 hm² 60 kg 肥液。

10.2.2.2.4 方法:采用背负式喷雾器或机动喷雾机喷雾,以叶片不滴水为好。上午 10 时以前和下午4时以后作业。

10.2.3 灌水

10.2.3.1 时间:4月～9月,11月。

10.2.3.2 灌量(每 0.067 hm² 进水量):4月下旬灌头水,进水量 60 m³;5月～6月土壤 0～20 cm 土层含水低于 18% 时及时灌水,进水量约 50 m³ 左右;7月、8月采果期每 15 天灌水一次,进水量约 50 m³;9月上旬灌白露水,进水量约 60 m³;11月上旬灌冬水,进水量约 70 m³。采用节水灌溉,年灌水量应小于 350 m³。

10.2.3.3 要求:全园灌溉,不串灌,不漏灌,不积水。

10.3 病虫害防治

坚持贯彻保护环境、维持生态平衡的环保方针及预防为主、综合防治原则,采用农业措施防治、生物防治和化学防治相结合,做好病虫害的预测预报和药效试验,提高防治效果,禁止使用国家禁用农药,将病虫害对枸杞的危害降低到最低程度。

10.3.1 农业防治

10.3.1.1 清理园地:于早春和晚秋清理枸杞园被修剪下来的残、枯、病、虫枝条连同园地周围的枯草落叶,集中园外烧毁,杀灭病虫源。

128

10.3.1.2 土壤耕作:早春土壤浅耕、中耕除草、挖坑施肥、灌水封闭和秋季翻晒园地,杀灭土层中羽化虫体,降低虫口密度。

10.3.2 虫害防治

10.3.2.1 枸杞蚜虫

10.3.2.1.1 防治时间:依据预测预报、田间调查和已掌握的最佳防治时机及时进行防治。

10.3.2.1.2 选用农药:以生物源农药为主,附以环境相容性、选择性较好的化学杀虫剂。

10.3.2.1.3 最佳防治期:蚜虫(干母)孵化期和无翅胎生期。

10.3.2.1.4 防治方法:枸杞展叶、抽梢期使用 2.5% 扑虱蚜 3 500 倍液树冠喷雾防治,开花坐果期使用 1‰ 苦参素 1 200 倍液树冠喷雾防治。

10.3.2.1.5 注意事项:树冠喷雾时着重喷洒叶背面。

10.3.2.2 枸杞木虱

10.3.2.2.1 防治时间:3月、4月、5月下旬。

10.3.2.2.2 选用农药:高效低毒的农药。

10.3.2.2.3 最佳防治期:成虫出蛰期、若虫发生期。

10.3.2.2.4 防治方法:成虫出蛰期,使用 40% 辛硫磷微胶囊 500 倍液喷洒园地后浅耙,喷洒时,连同园地周围的沟渠路一并喷施;若虫发生期使用 1‰ 苦参素 1 200 倍液树冠喷雾防治。

10.3.2.2.5 注意事项:使用辛硫磷时间掌握在下午 3 时以后。

10.3.2.3 枸杞瘿螨

10.3.2.3.1 防治时间:4月下旬、6月中旬、8月中旬。

10.3.2.3.2 选用农药:内吸性杀螨剂。

10.3.2.3.3 最佳防治期:成虫出蛰转移期。

10.3.2.3.4 防治方法:成虫转移期虫体暴露,选用 40% 乐果乳油 1 000 倍液树冠及地面喷雾防治。

10.3.2.3.5 注意事项:提高防治效果,注重虫体暴露期的虫情测报,在短时间内集中药械防治。

10.3.2.4 枸杞锈螨

10.3.2.4.1 防治时间:5月下旬、6月中旬、7月上旬。

10.3.2.4.2 选用农药:触杀性杀螨剂。

10.3.2.4.3 最佳防治期:成虫、若虫期。

10.3.2.4.4 防治方法:成虫期选用硫磺胶悬剂 600 倍液~800 倍液,若虫期使用 20% 达螨灵可湿性粉剂 3 000 倍液~4 000 倍液树冠喷雾防治。

10.3.2.4.5 注意事项:此期日照长、气温高,喷洒农药的时间选择在上午 10 时以前和下午 4 时以后,着重喷洒叶背面。

10.3.2.5 枸杞红瘿蚊

10.3.2.5.1 防治时间:4月中旬、5月下旬。

10.3.2.5.2 选用农药:内吸性杀虫剂。

10.3.2.5.3 最佳防治期:化蛹期、成虫期。

10.3.2.5.4 防治方法:4月上旬,40% 辛硫磷微胶囊 500 倍液拌毒土均匀的撒入树冠下及园地后浅耕,灌头水土壤封闭。每 0.067 hm² 施药量不少于 250 g。成虫发生期喷洒 40% 乐果乳油 1 000 倍液防治。

10.3.2.5.5 注意事项:用过筛细土做毒土,拌药均匀。

10.3.2.6 枸杞负泥虫

10.3.2.6.1 防治时间:4月~7月。

10.3.2.6.2 选用农药:40% 乐果乳油、3% 乐果粉。

10.3.2.6.3 最佳防治期:成虫期和若虫期。

10.3.2.6.4 防治方法:成虫期选用40%乐果乳油1 000倍液,若虫期用3%乐果粉全园喷粉防治。

10.3.2.6.5 注意事项:喷雾时将喷头上下转动,注意着重喷洒叶片背面。

10.3.2.7 枸杞实蝇

10.3.2.7.1 防治时间:5月上旬。

10.3.2.7.2 选用农药:40%辛硫磷微胶囊。

10.3.2.7.3 最佳防治期:土内羽化期。

10.3.2.7.4 防治方法:5月初采用辛硫磷每0.5 kg拌细土10 kg,均匀撒在园地地表,浅耙10 cm,树冠下用钉齿耙人工作业,杀死初羽化成虫于土内。

10.3.2.7.5 注意事项:药剂拌土,不漏耕。

10.3.2.8 其他害虫

除以上7种害虫外,枸杞专寄生害虫还有枸杞娟蛾、枸杞卷梢蛾、枸杞蛀果蛾、印度裸蓟马、黑盲蝽、跳甲、龟甲、龟象、泉蝇等,这些害虫在采用农业防治和化学防治其他害虫时兼而防治。

10.3.3 病害防治

10.3.3.1 枸杞炭疽病(黑果病)

10.3.3.1.1 防治时间:7月~8月。

10.3.3.1.2 选用农药:40%百菌清。

10.3.3.1.3 最佳防治期:阴雨天之前1天~2天。

10.3.3.1.4 防治方法:注重天气预报,有连续阴雨两天以上时,提前喷洒百菌清800倍液,全园预防,阴雨天过后,再喷洒一遍,消灭病原菌。

10.3.3.2 枸杞流胶病

10.3.3.2.1 防治时间:春季。

10.3.3.2.2 选用农药:石硫合剂。

10.3.3.2.3 最佳防治期:枝、干皮层破裂。

10.3.3.2.4 防治方法:田间作业避免碰伤枝、干皮层,修剪时剪口平整。一旦发现皮层破裂或伤口,立即涂刷石硫合剂。

10.3.3.3 枸杞根腐病

10.3.3.3.1 防治时间:7月~8月。

10.3.3.3.2 选用农药:40%灭病威,25%三唑酮。

10.3.3.3.3 最佳防治期:根茎处有轻微脱皮病斑。

10.3.3.3.4 防治方法:保持园地平整,不积水、不漏灌,发现病斑立即用灭病威500倍液灌根,同时用三唑酮100倍液涂抹病斑。

11 鲜果采收

11.1 采果时期:初期5月下旬至6月下旬;盛期7月上旬至8月下旬;末期9月中旬至11月上旬。

11.2 间隔时间:初期6天~9天一蓬;盛期5天~6天一蓬;末期8天~10天一蓬。

11.3 采果要求:鲜果成熟8成~9成(红色),轻采、轻拿、轻放,树上采净、地下拣净,果筐容量为10 kg左右。下雨天或刚下过雨不采摘,早晨待露水干后再采摘,喷洒农药不到安全间隔期不采摘。

12 鲜果制干

12.1 脱蜡

将采回的鲜果倒入竹筛中,浸入已配制好的脱蜡冷浸液中浸泡30 s,提起控干后,倒入制干用的果栈上,均匀地铺平,厚度2 cm~3 cm。

12.2 制干

12.2.1 **热风烘干法**

12.2.1.1 烘干设施:送风(引风机)同时加热(火炉)的通热风隧道。

12.2.1.2 温度指标:进风口 60℃～65℃,出风口 40℃～45℃。

12.2.1.3 干燥时间:55 h～70 h。

12.2.1.4 干燥指标:果实含水 13％以下。

12.2.2 **自然干燥法**

将已脱蜡处理过的果实,铺在果栈上,放在自然光下进行干燥。在果实干燥未达到指标前,不能随便翻动果实;遇降雨要及时防雨淋;未干果实切忌淋雨,自然干燥一般需 5 天～10 天。

12.3 **干果装袋**

干燥后的果实,经脱果柄去杂,装入干燥、清洁、无异味以及不影响品质的材料制成的包装内,以备分级。包装要牢固、密封、防潮,且能保护品质。

13 **贮存**

13.1 常温下产品应贮存在清洁、干燥、阴凉、通风、无异味的专用仓库中。

13.2 有条件的采用低温冷藏法,温度 5℃以下。

ICS 65.020.20
B 05

DB64

宁 夏 回 族 自 治 区 地 方 标 准

DB64/T 478—2006

宁杞 4 号枸杞栽培技术规程

Technical regulation of Lycium cultivation for 'Ningqi-4'

2006-10-12 发布　　　　　　　　　　　　　2006-10-12 实施

宁夏回族自治区质量技术监督局　发 布

前　言

本标准的附录 A 为规范性附录,附录 B 为资料性附录。

本标准由宁夏回族自治区林业局提出。

本标准由宁夏回族自治区林业局归口。

本标准起草单位:宁夏中宁县枸杞产业管理局。

本标准主要起草人:胡忠庆、谢施祎、周全良、陈克勤、丁亮、祁进华、陈清平、王少东、马奋玲。

宁杞 4 号枸杞栽培技术规程

1 范围

本标准规定了宁杞 4 号枸杞的品种特征、适宜栽培区域、优质丰产指标、苗木培育、建园，土、肥、水管理及修剪，病虫害防治，鲜果采收和鲜果制干。

本标准适用于宁杞 4 号枸杞栽培管理。

2 规范性引用文件

下列文件中的条款通过本标准的引用而成为本标准的条款。凡是注日期的引用文件，其随后所有的修改单（不包括勘误的内容）或修订版均不适用于本标准，然而，鼓励根据本标准达成协议的各方研究是否可使用这些文件的最新版本。凡是不注日期的引用文件，其最新版本适用于本标准。

GB 3095　环境空气质量标准

GB 5048　农田灌溉水质标准

GB 15618　土壤环境质量标准

GB/T 18672　枸杞

3 品种特征

植株树势强健、树冠开张，强壮枝耐短截修剪，果枝易培养。多年生枝灰褐色，当年生枝灰白色，嫩枝枝梢紫红，结果枝斜生或弧垂，棘刺极少或无。叶互生，深绿色，叶长 6 cm～9 cm，宽 1.5 cm～2 cm，当年生枝叶片部分反卷。嫩叶叶脉基部至中部正面紫色。花长 1.59 cm，花瓣绽开直径 1.53 cm，花丝中部有圈稠密绒毛。二年生枝一般每芽眼有花 5 朵～7 朵，一年枝一般每芽眼有花 3 朵～4 朵。鲜果果身棒状而略方，具 8 棱，4 棱高，4 棱低，平均纵径 1.83 cm，横径 0.94 cm。

4 栽培的适宜区域

4.1 气候条件

北纬 30°～45°、东经 80°～120°，年平均气温 5.6 ℃～12.6 ℃，大于等于 10 ℃年活动积温 2 800 ℃以上，年日照时数大于 2 900 h 以上。无灌溉条件的地区，年降雨量需在 400 mm～700 mm 之间。

4.2 立地条件

有效土层 30 cm 以上，地下水位 100 cm 以下，土壤含盐量 0.5％以下，有机质含量 0.8％以上，质地为轻壤土、壤土的淡灰钙土、灌淤土和黑垆土。

新垦地有效土层要大于 50 cm。

4.3 环境条件

空气质量符合 GB 3095。土壤质量符合 GB 15618。农田灌溉水符合 GB 5048。

5 优质丰产指标

5.1 树体指标

树体宜低干、矮冠。成龄树树体指标为株高 160 cm～175 cm，冠幅 130 cm～160 cm，地径 5 cm 左右的柱状树形。

栽后第二年单株结果枝总量达 200 条～230 条；栽后第三年单株结果枝总量达 300 条～350 条；栽

后第四及成龄单株结果枝总量达 400 条~450 条。

5.2 产量指标

栽植当年 667 m² 生产干果 35 kg~50 kg;第二年 667 m² 生产干果 100 kg~150 kg;第三年 667 m² 生产果 200 kg~250 kg;第四年以及成龄树 667 m² 生产干果 300 kg~400 kg。

5.3 质量指标

质量指标按 GB/T 18672 执行,特级率占 55% 以上。

6 苗木培育

6.1 苗圃地选择

应选择地势平坦,排灌方便,交通方便,有机质含量高的沙壤或轻壤土做苗圃。并且要求地下水位 120 cm 以下,pH 为 7~8,壤含盐量小于 0.2%。

6.2 苗圃地处理

6.2.1 选定的苗圃地,应在育苗前的头一年秋季十月下旬进行平整、深翻和施肥。

6.2.2 平整地块大小可根据情况而定,平整后的地块高差不应超过 3 cm。

6.2.3 施肥以农家肥为主,化肥为辅,每 667 m² 施腐熟的猪粪或厩肥 2 500 kg~4 000 kg,施后深翻一次,深度 15 cm~18 cm,并灌好冬水。

6.2.4 春季育苗前每 667 m² 再施碳酸氢铵 50 kg,磷酸二铵 10 kg,施后旋耕做畦,每畦面积以 60 m²~100 m² 为宜。

6.3 育苗方法

主要采用无性繁殖的硬枝扦插育苗方法。

6.4 采条

6.4.1 母树选择

选择树龄 2 龄~7 龄、品种纯正、生长健壮且无虫害的宁杞 4 号单株进行采条。

6.4.2 采条时间

春季 3 月中旬至 4 月上旬,尤以树液流动至萌芽前最好。

6.4.3 采条部位

采集树冠中、上部枝条。

6.4.4 采条枝型

一年生中间枝和徒长枝。

6.4.5 采条粗度

0.5 cm~1.0 cm 为宜。

6.5 插穗处理

6.5.1 插穗剪截

将采下的种条选择无破皮、无虫害的枝条,截成长 13 cm~14 cm 的小段,每一小段为一根插穗,每 100 根捆一捆。

6.5.2 插穗处理

插穗下端 5 cm 浸入 20 mg/L 的奈乙酸水溶液浸泡 24 h,或用 100 mg/L~150 mg/L 吲哚丁酸水溶液浸泡 2 h~3 h。

6.6 扦插

在已处理好的苗床上,按确定的行距划线,沿线开沟或劈缝,将插穗下端轻轻插入沟穴内。扦插深度地上部留 1 cm,外露一个芽。插好后用双脚将插穗与土踏实在一块,上面覆盖一层碎土。

株行距 10 cm~50 cm,每 667 m² 扦插插穗 1.3 万根~1.5 万根。

6.7 苗圃管理

6.7.1 灌水

当苗木高度 10 cm 以上时,开始第一次灌水,第一次灌水量 40 m³～50 m³。以后 6 月下旬、7 月下旬、8 月下旬各灌水一次,灌水量 50 m³～60 m³。

6.7.2 中耕除草

每次灌水后结合松土进行中耕除草一次,中耕深 5 cm～10 cm。

6.7.3 追肥

灌二水时,每 667 m² 追施磷酸二铵 10 kg,尿素 10 kg。灌三水时,每 667 m² 追磷酸二铵 10 kg,尿素 15 kg。

6.7.4 修剪

插穗长出的新超过 15 cm 后,只选留 1 个长势强的新梢做主杆。被留下的新梢,从基部到 40 cm 以内所发的侧枝全部剪除。新梢高度达到 55 cm 时,及时摘心封顶,促发侧枝。

6.8 苗木出圃

翌年春季,3 月下旬至 4 月上旬,土壤解冻后出圃,起苗时应做到根系完整、不伤皮、不伤根。

6.9 苗木分级

见表 1。

表 1 枸杞扦插苗质量分级表

规格	指标			
	苗高/cm	地径/cm	根系	侧枝/条
特级	60～80	>1	根系完整	有侧枝 3 条～5 条
一级	60～80	>0.8	根系完整	有或无
二级	50～70	0.5～0.8	根系完整	无
不合格苗	<50	<0.5	根系完整	无

7 建园

7.1 园地选择

选择地势平坦,有排灌条件,地下水位 100 cm 以下,土壤含盐量 0.5% 以下,有效活土层 30 cm 以上的沙壤、轻壤或中壤地作为新栽植枸杞的园地。

不应在上一年种枸杞的地上建园。

7.2 园地规划

7.2.1 排灌系统和道路设置

大于 3 hm² 的耕地建园时,根据建园面积大小,应规划出排灌系统和道路。排灌系统主要包括干渠、支渠、斗渠、农沟、支沟和斗沟。干支渠从水源开始贯穿整园,支斗渠与干支渠垂直,与斗沟平行。斗沟与支沟垂直。斗沟每 2 档设置一条。道路主要是生产路和机耕路。每条斗沟带生产路一条,每条支沟或支渠带机耕路一条。

7.2.2 防护林带设置

主林带与当地的主风向垂直,乔灌多树种混交,副林带栽于农毛沟两旁,以窄冠乔木混栽。

7.2.3 整地

前一年秋天先平整土地,要求每块地高差小于 5 cm,再深翻,要求深度 20 cm～25 cm,并灌好冬水。

7.3 栽植

7.3.1 栽植时间

秋季栽植,在枸杞苗木停止生长以后落叶时栽植。

春季栽植,土壤解冻深度达 30 cm 以上时栽植,或当地春小麦露土时栽植。

7.3.2 栽植密度

小面积分散栽培,经营面积在 6 670 m² 以下时,株行距 1 m×2 m,每 667 m² 植 333 株。

大面积集中栽植,株行距 1 m×3 m,每 667 m² 栽植 222 株。

7.3.3 苗木规格

选特级苗或一级苗。

7.3.4 栽植技术

栽植行向与生产路垂直。按照株行距挖定植穴。定植穴规格 40 cm×40 cm×50 cm(长×宽×深)。定植穴挖好后,每穴最下层施入腐熟肥 4 kg～5 kg,与土拌匀后再填土 7 cm～8 cm 待植。苗木应进行修枝修根处理,用 100 mg/L 奈乙酸水溶液蘸根,放入栽植穴中央,进行栽植。栽植时按照填土、踏实、提苗、再填土、再踏实程序载植。栽植深度至苗木原插穗上剪口处。栽植完毕后立刻灌水。

8 栽植当年的土、肥、水管理及修剪技术

8.1 土壤管理

采用地膜覆盖或清耕管理。地膜覆盖,栽植后立即以行覆盖。清耕管理,头水灌后浅翻一次,深度 10 cm～15 cm,以后每次灌水之后中耕除草一次,深度 5 cm～10 cm。

8.2 灌水

于 4 月下旬灌头水,灌水量 60 m³ 左右,6 月上旬灌二水,7～10 月灌水 2 次～3 次,灌水量 50 m³ 左右,11 月灌冬水 1 次,灌水量 70 m³ 左右。

8.3 施肥

8.3.1 地面施肥

8.3.1.1 6 月上旬进行第一次追肥,株施磷酸二铵 50 g～75 g,尿素 25 g～30 g。

8.3.1.2 7 月上旬果枝见到花朵后进行第二次追肥,株施氮、磷、钾三元复合肥 75 g 左右。

8.3.1.3 8 月上旬进行第三次追肥,株施尿素 75 g～100 g,磷酸二铵 50 g。

8.3.2 叶面喷肥

在果枝形成阶段和果实成熟高峰期,各进行叶面喷施一次。肥料选用磷酸二氢钾或叶面专用肥。

8.4 栽植主支撑物

8.4.1 头水后,根据株距以行或株设置主干支撑物。

8.4.2 栽植面积小,密度大,以株栽植主支撑棍。主干支撑棍要求长度 1.5 m～1.7 m,粗度 4 cm～5 cm。

8.4.3 栽植面积大,密度小,以行设置主干支撑物。按行向在地块两头栽植水泥桩各一个,拉 10 号铁丝 2 条～3 条,将铁丝固定在两头水泥桩上。

8.4.4 苗木成活后及时将苗木绑扎在主干支撑棍或铁丝上。

8.5 修剪

8.5.1 定干

栽植后及时定干。定干高度为距地面 55 cm～60 cm 处剪截定干。

8.5.2 修剪

苗木萌芽后,抹除 40 cm 以下的侧芽,将主干 40 cm 以上整形带内所发的枝条,选留方向不同,与主干夹角在 30°～40°之间的 3 个～5 个侧枝作为树冠的第一层骨干枝,于枝长 15 cm 处剪截。对骨干枝修剪后新长出的枝条,采取疏、截、留三种方式修剪。

9 栽后第二年到成龄枸杞的土、肥、水管理及整形修剪技术

9.1 灌水

根据土壤墒情于4月~9月灌水5次~6次,每次灌水量50 m³/667 m²~60 m³/667 m²。

11月上旬灌冬水,灌水量70 m³/667 m²左右。

9.2 土壤管理

3月下旬至4月上旬,浅挖春园一次,深度8 cm~12 cm。5月上中旬挖夏园一次,深度12 cm~15 cm。之后根据灌水及园地杂草情况进行中耕除草若干次。8月下旬进行秋翻,深度15 cm~20 cm。

9.3 施肥

9.3.1 施肥原则

以有机肥为主,依产量目标为依据,进行营养均衡施肥。

9.3.2 施肥次数及时间

全年5次为宜。分别是4月上中旬、6月上中旬、7月上旬、8月上旬和9月上中旬。

9.3.3 施肥方法

采用穴施、环状沟施、放射状沟施交替进行。

9.3.4 施肥量

9.3.4.1 依照目标产量施肥,计划每生产100 kg优质干果,每667 m²应施入纯氮、纯磷、纯钾总量参考如下:

纯氮30 kg~35 kg;纯磷8.5 kg~10 kg,纯钾5 kg~6.5 kg。使用肥料种类和含量见附录A。

9.3.4.2 全年每次施肥总量参考如下:10月下旬和4月上旬两次施肥总量占全年施肥总量的40%左右;6月中旬施肥占全年施肥总量30%左右;7月下旬施肥占全年施肥总量的20%左右;9月上旬施肥占全年施肥总量的10%左右。

9.3.5 叶面喷肥

5月~8月,每月各喷施一次叶面专用肥。

9.4 整形修剪

9.4.1 树形培养

树形培养:修剪基础较高的生产者,以三层楼树形为宜;修剪基础一般的生产者,以自然半圆形树形为宜。

9.4.1.1 三层楼树形

树形结构:树冠有8个~9个主枝组成,树高165 cm~175 cm,冠幅130 cm~160 cm,树冠分三层,结果枝以立体结构分布在各层骨干枝上。主干高40 cm~45 cm,第一层冠高20 cm,第二层层间距高40 cm,第二层冠高20 cm,第三层层间距及第三层树冠合计高45 cm~50 cm。

9.4.1.2 自然半圆形树形

树高160 cm左右,冠幅150 cm~160 cm,分两层有5个主枝组成。主干高40 cm~50 cm,层间距50 cm~60 cm,呈上窄下宽、上小下大、上短下长的自然半圆结构。

9.4.2 修剪原则

因树修剪,随枝做形。去高补空,更新果枝。剪横留顺,取旧留新。密处疏剪,缺处留枝。清膛截底,修围清基。调节营养,树冠圆满。

9.4.3 修剪程序

一清基,清除根茎处萌条;二剪顶,对高于顶层树冠的枝条进行疏除;三清膛,疏除树膛内的徒长枝、密枝、病虫枝、细弱枝、横穿枝和强壮枝;四修围,对各层外围所留枝条进行短截、疏除和不剪;五截底,第一层树冠所留的果枝在距地面40 cm处全部进行短截。

9.4.4 修剪方法

剪除根茎、主干、冠层所发的徒长枝、树膛内的密枝、横穿枝以及冠层内的 2 年生以上果枝和干枝、病虫枝、细弱枝。短截各层主枝延长枝和部分果枝。

9.4.5 修剪

包括春季修剪、夏季修剪、冬季修剪。

9.4.5.1 春季修剪

在枝条萌芽后的 3 月下旬至 4 月下旬进行。剪除干尖和针刺。方法是从树冠的一个方向开始,沿树冠自上而下剪除冠层结果枝梢部的风干枝和强壮枝上的针刺。

9.4.5.2 夏季修剪

5 月～9 月,重点在 5 月上旬到 6 月上旬,每 5 d～7 d 进行一次。方法是沿树冠自下面上,由里向外,剪除植株根茎、主干、膛内、冠层萌发的徒长枝。对已培养好下层树冠的树,可在 5 月中旬至下旬,选择距主干最近的徒长枝,在高 40 cm 处进行摘心封顶,培养二层树冠。

对各层树冠主枝所发的强壮枝,与主干夹角小于 30°时,要及时疏除。与主干夹角在 30°～40°之间的枝应根据所在的位置进行短截或疏除,短截长度 15 cm～20 cm。与主干夹角大于 40°的枝条不剪、不截。

9.4.5.3 冬季修剪

11 月至翌年春季 1 月～2 月,先对结果一年后的树冠进行整形,按照选择的树形,整理出清晰稳固的树冠骨架,再对留下的各类枝按修围要求作一次细致的修剪。

10 病虫害防治

10.1 防治原则

坚持贯彻保护环境,维持生态平衡的环保方针及预防为主,综合防治的原则。根据防治对象的生物学特性和危害特点,做好预测预报工作,采用农业、物理、生物、化学相结合的生态调控方针,将病虫害对枸杞树的危害损失降低到最低程度。

10.2 防治对象

枸杞蚜虫、枸杞木虱、枸杞负泥虫、枸杞红瘿蚊、枸杞瘿螨、枸杞锈螨和枸杞黑果病等病虫害。

10.3 防治方法

根据气候变化和虫情测报结果,选择最佳防治期进行综合防治和统防统治。

10.3.1 农业措施

晚秋和早春将枸杞园修剪下的残枝、枯枝、病虫枝,连同园地内的杂草、落叶集中清理到园外烧毁。另外施肥、土壤耕作、夏季修剪等措施都可降低病虫害基数。

10.3.2 物理措施

利用害虫趋光、趋色、趋味性,进行灯光诱杀、色板诱杀、昆虫信息素诱杀。利用机械铲除杂草,消灭害虫存活场所。采用地膜覆盖,割断害虫发育进程,达到降低危害的目的。

10.3.3 生物措施

10.3.3.1 利用天敌

在枸杞园内种植豆类、首蓿等作物,增加七星瓢虫等天敌的食料和生存空间,达到培殖天敌,控制害虫的目的。

10.3.3.2 生物制剂

使用植物源和微生物源农药防治枸杞病虫害。

10.3.4 化学措施

在枸杞害虫害螨春季出蛰期、虫体裸露期和繁殖高峰期期间,选用附录 B 推荐的农药进行防治。

11 鲜果采收

11.1 采果时期

初期 6 月上旬至 6 月下旬每 6 d～9 d 采一蓬;盛期 7 月上旬至 8 月下旬每 5 d～6 d 采一蓬;末期 9 月中旬至 11 月上旬每 8 d～10 d 采一蓬。

11.2 采果要求

采果要做到轻采、轻拿和轻放。树上采净,下雨天不采,有露水不采,喷农药后不到间隔期不采。采果容器以 10 kg 以下为宜。

12 鲜果制干

12.1 脱腊

鲜果倒入竹筛中,浸入冷浸脱蜡液中浸 30 s 脱蜡或按鲜果产量的 0.1‰撒施碱精脱蜡。脱蜡后倒入果栈上,均匀铺平,厚度 2 cm～3 cm。

12.2 制干

杞鲜果的水份降低到 13％以下。

12.2.1 自然晒干

铺好的鲜果直接置于阳光下,进行干燥。要求果实干燥过程中及时防雨淋,干燥未达到指标前不要翻动果实。

12.2.2 设施制干

将铺好的鲜果置于烘干设施下进行干燥,果实含水量在 50％以上时,温度控制在 40 ℃～45 ℃;果实含水量在 13％～50％时,温度控制在 45 ℃～65 ℃,直至果实含水量低于 13％。

附　录　A

（资料性附录）

枸杞施肥推荐的肥料品种及含量

表 A.1　枸杞施肥推荐的肥料品种及含量

肥料名称	氮(N)/%	磷(P_2O_5)/%	钾(K_2O)/%	有机质/%	其他/%
尿素[$CO(NH_4)_2$]	46				
碳酸氢铵(NH_4HCO_3)	17				
硫酸钾(K_2SO_4)			50		
氯化钾(KCl)			60		
磷酸二铵[$(NH_4)_2HPO_4$]	16-21	46-54			
过磷酸钙[$Ca(HPO_4)_2 \cdot H_2O + CaSO_4$]		12-18			
三元复合肥	15	15	15		
硫酸锌颗粒($ZnSO_4 \cdot 7H_2O$)					Zn 22.65
硫酸亚铁颗粒(黑矾,$FeSO_4 \cdot 7H_2O$)					Fe 20.14
人粪	1.04	0.5	0.37	19.8	
猪粪	0.6	0.4	0.14	15	
鸡粪	1.63	1.51	0.85	25.5	
牛粪	0.32	0.21	0.16	14.5	
羊粪	0.65	0.47	0.23	31.4	
马粪	0.5	0.35	0.3	21	
兔粪	1.92	0.9	0.8	—	
大麻籽饼	5.05	2.4	1.35	—	
苜花苜蓿	0.56	0.18	0.31	—	
小麦草灰		6.4	13.6	—	
小麦草	0.48	0.22	0.63		
玉米秸	0.48	0.38	0.64		
稻草	0.63	0.11	0.85		

附　录　B

（规范性附录）

枸杞主要病虫害防治推荐使用的农药

表 B.1　枸杞主要病虫害防治推荐使用的农药

主要病虫	农药品种	使用浓度/倍	安全间隔期/d
枸杞蚜虫 Aphis sp.	1%溴氰菊酯	2 500	7
	1%吡虫啉	1 500	7
	3%啶虫脒	3 000	7
	0.8%苦参素	1 200	5
	40%乐果	800	7
枸杞木虱 Trioza sp.	1.8%益梨克虱	4 000	7
	28%蛾虱净乳油	1 500	7
	2.5%朴虱蚜	200	7
	10%蚜虱净	3 000	7
枸杞红瘿蚊 Jaapiella sp.	40%辛硫磷	800	10
	40%毒死蜱	1 200	7～9
	5%凯达浮油	1 500	7～9
枸杞瘿螨 Aceria macrodonis	50%硫磺胶悬剂	100～200	3～5
	哒螨灵	1 500	7～8
	托而螨净	2 000	7～8
枸杞锈螨 Rculops lycii	20%螨死净	2 000	7～8
	螨速克	1 500	7～8
	0.9%阿维菌素	2 500	7～8
枸杞黑果病 Colletotrichum gloeosprides	高锰酸钾	1 000	7～8
	40%多菌灵	800	7～8
	70%托布津	1 500	7～8
	唑霉酮	1 000	7～8

ICS 65.020
B 05

DB64

宁 夏 回 族 自 治 区 地 方 标 准

DB64/T 500—2007

有机枸杞生产技术规程

Technical regulation of roduction of organic Lycium

2007-11-02 发布　　　　　　　　　　　　　2007-11-02 实施

宁夏回族自治区质量技术监督局　发 布

DB64/T 500—2007

前　言

本标准的附录 A、附录 B、附录 C 为规范性附录,附录 D 为资料性附录。

本标准由宁夏回族自治区科学技术厅提出。

本标准由宁夏族自治区林业局归口。

本标准起草单位:宁夏农林科学院枸杞研究所(有限公司)。

本标准主要起草人:李建国、王文华、李军、姜文胜、马金平、郭延庆、杨刚。

有机枸杞生产技术规程

1 范围

本标准规定了有机枸杞生产的管理要求、栽培条件要求、品种与种苗选择、苗木繁育、建园、土壤管理和施肥、整形修剪、病虫草害防治、鲜果采收、鲜果制干、挑选、包装与贮藏、出入库、运输、有机枸杞园判别和转换等。

本标准适用于宁夏有机枸杞的生产。

2 规范性引用文件

下列文件中的条款通过本标准的引用而成为本标准的条款。凡是注日期的引用文件,其随后所有的修改单(不包括勘误的内容)或修订版均不适用于本标准,然而,鼓励根据本标准达成协议的各方研究是否可使用这些文件的最新版本。凡是不注日期的引用文件,其最新版本适用于本标准。

GB 3095 环境空气质量标准

GB 5048 农田灌溉水质标准

GB 5749 生活饮用水卫生标准

GB 9137 保护农作物的大气污染物最高允许浓度

GB 15618 土壤环境质量标准

GB/T 19116 枸杞栽培技术规程

GB/T 19630.2 有机产品 第2部分:加工

GB/T 19630.3 有机产品 第3部分:标识与销售

GB/T 19630.4 有机产品 第1部分:管理体系

NY 227 微生物肥料

NY 5125 有机肥料

3 术语和定义

下列术语和定义适用于本文件。

3.1

有机枸杞

来自有机农业生产体系,根据有机农业生产要求和相应标准生产加工,并且通过合法的有机认证机构认证的枸杞干果。

3.2

平行生产

在同一生产基地,同时生产相同或难以区分的有机、有机转换或常规产品的情况。

3.3

缓冲带

在有机和常规地块之间有目的的设置、可以界定的用来限制或阻挡常规生产田块的禁用物质漂移的过渡区域。

3.4

转基因生物

通过基因工程技术导入某种基因的植物、动物、微生物。

3.5

油果

成熟过度或雨后采摘的鲜果因晒干不当,保管不好,颜色变深,明显与正常枸杞不同的颗粒。

3.6

转换期

从按照本标准开始管理至生产单元和产品获得有机认证之间的时段。

3.7

有机认证

有机认证机构按有机认证标准的要求对有机生产和经营过程作出系统评估和认定,并以证书形式进行确认。有机认证以规范化的检查为基础,包括实地检查、内部保证体系的确认。

4 管理要求

4.1 基本要求

4.1.1 有机枸杞生产者应有合法的土地使用权和合法的经营证明文件。

4.1.2 有机枸杞生产应按 GB/T 19630.4 的要求建立和保持有机生产管理体系,该管理体系应按 4.2 要求形成系列文件,加以实施和保持。

4.2 文件要求

4.2.1 生产基地或加工、经营等场所的位置图

应按比例绘制生产基地或加工、经营等场所的位置图。应及时更新图件,以反映单位的变化情况。图件中应相应标明但不限以下内容:

    a) 种植区域的地块分布和加工、经营区的分布;

    b) 河流、水井和其他水源;

    c) 相邻土地及边界土地的利用情况;

    d) 畜禽检疫隔离区域;

    e) 加工、包装车间,原料、成品仓库及相关设备的分布;

    f) 生产基地内能够表明该基地特征的主要标识物。

4.2.2 有机枸杞生产、加工、经营质量管理手册

应编制和保持有机枸杞生产、加工、经营质量管理手册,该手册应包括以下内容:

    a) 有机枸杞生产、加工、经营者的简介;

    b) 有机枸杞生产、加工、经营者的经营方针和目标;

    c) 管理组织机构及其相关人员的责任与权限;

    d) 有机生产、加工、经营实施计划;

    e) 内部检查;

    f) 跟踪审查;

    g) 记录管理;

    h) 客户申、投诉的处理。

4.2.3 生产、加工、经营操作规程

应制定并实施生产、加工、经营操作规程,至少包括:

    a) 枸杞栽培有机生产、加工、经营的操作规程;

    b) 禁止有机产品与转换期产品及非有机产品相互混合,以及防止有机生产、加工和经营过程中

受禁用物质污染的规程；

   c) 枸杞收获规程及收获后运输、加工、贮藏等各道工序的管理规程；

   d) 机械设备的维修、清扫规程；

   e) 员工福利和劳动保护规程。

4.2.4 记录建立、保持

有机枸杞生产、加工、经营者应建立并保持记录。记录应清晰准确，并为有机生产、加工活动提供有效证据。记录至少保存 5 年并应包括但不限于以下内容：

   a) 土地、作物种植历史记录及最后一次使用禁用物质的时间及使用量；

   b) 种子、种苗等繁殖材料的种类、来源、数量等信息；

   c) 施用堆肥的原材料来源、比例、类型、堆制方法和使用量；

   d) 控制病、虫、草害而使用的物质的名称、成分、来源、使用方法和使用量；

   e) 加工记录，包括原料购买、加工过程、包装、标识、贮藏、运输记录；

   f) 加工场有害生物防治记录和加工、贮存、运输设施清洁记录；

   g) 原料和产品的出入记录，所有购货发票和销售发票；

   h) 标签及批次号的管理。

4.2.5 文件的控制

枸杞有机生产、加工管理体系所要求的文件应是最新有效的，应确保在使用时可获得适用文件的有效版本。

5 栽培条件要求

5.1 地理条件

北纬 36°45′～39°30′、东经 105°16′～106°80′，年平均气温 8.7 ℃，大于等于 10 ℃有效积温 2 497.8 ℃；年均日照时数 2 946.7 h。

5.2 立地条件

土壤类型为黑垆土、灌淤土、淡灰钙土、灰钙土；质地为轻壤土、壤土有机质含量 10 mg/kg 以上；水质符合 GB 5084 的规定。

5.3 环境质量

5.3.1 有机生产基地应远离城区、工矿区、交通干线、工业污染源、生活垃圾场等。

5.3.2 基地的环境质量应符合以下要求：

   a) 土壤环境质量符合 GB 15618 中的二级标准；

   b) 农田灌溉水水质符合 GB 5084 的规定；

   c) 环境空气质量符合 GB 3095 中的二级标准和 GB 9137 的规定。

6 品种与种苗选择

6.1 品种选择

6.1.1 品种应选择适应当地气候、土壤条件，并对当地主要病虫害有较强的抗性。加强不同遗传特性品种的搭配。禁止使用基因工程选育的品种。

6.1.2 以宁夏枸杞的品种"宁杞 1 号"(Lycium barbarum 1)为主，适当发展其他非转基因品种。

6.2 种苗选择

种苗选择应符合以下要求：

   a) 选择有机枸杞种苗。种苗应来自有机农业生产系统，但在有机生产的初始阶段无法得到认证的有机种苗时，可以选用未经禁用物质处理过的常规种苗器；

   b) 禁止使用经禁用物质和方法处理的种苗；

c) 种苗质量应符合 GB/T 19116 规定的 1、2 级标准。

7 苗木繁育

7.1 繁殖方法

采用硬枝扦插无性繁殖方法。

7.2 圃地选择

圃地选择应符合以下要求：

a) 选择地势平坦、排灌畅通、土质肥沃的壤土或轻壤土，地下水位 1.2 m 以下，有防风屏障的地块；

b) 理化指标：pH 值 7.5～8.0，有机质含量 10 mg/kg 以上，土壤含盐量小于 0.2%。

7.3 圃地准备

上一年秋施腐熟羊粪 3 500 kg/667 m²，进行耕翻，深度 25 cm～30 cm，入冬前灌好冬水，栽苗前进行耙糖整平，同一圃地内土壤高度差小于 5 cm。

7.4 插条采集

7.4.1 在采穗圃内，选择健壮植株作母树。

7.4.2 选用母树树冠中、上部无破皮、无虫害一年生中间枝和结果枝，枝条粗度 0.5 cm～0.8 cm，剪取枝条上段与枝条形成 90°角剪切，断面形成圆口，枝条下端与枝条形成 30°角剪切，断面形成马蹄口，插条长度 13 cm～15 cm，上剪口留好饱满芽，每 100 条为一捆。

7.5 插条处理

将整捆插条下端浸入水中 5 cm，浸泡时间约 24 h，至插条顶端髓心湿润为宜。

7.6 插条扦插

按行距 40 cm，株距 5 cm，将插条下端轻轻直插入沟穴内，地上留 1 cm 外露一个饱满芽。沟穴用湿土踏实，外露插条部分覆一层细土，以细土刚好盖插条为准，将细土拢一土棱。

7.7 苗圃管理

7.7.1 松土除草

幼苗生长高度达到 10 cm 以上时，进行人工疏松土壤，铲除杂草。6 月、7 月、8 月各进行一次。

7.7.2 灌水

6 月下旬、7 月下旬各灌水一次。

7.7.3 修剪

苗高 20 cm 以上时，选一健壮枝作主干，将其余萌生的枝条剪除。苗高 40 cm 以上时，将主干进行摘心，促进苗木主干增粗生长和分生侧枝生长，提高苗木木质化程度。

7.7.4 苗木出圃

第二年春季，3 月下旬至 4 月上旬土壤化冻进行。起苗时顺着行，深挖苗木根部土壤，将苗木根部完整起出，不伤皮、少伤根。选取根系完整，地径粗度达到要求，符合规格的苗木，剪掉侧枝；不符合要求的苗木废弃处理。

7.7.5 苗木规格

一级，苗株高 50 cm 以上，地径 0.7 cm 以上；二级，苗株高 40 cm～50 cm，地径 0.5 cm～0.7 cm。

7.7.6 包装运输

苗木根系沾泥浆，每 50 棵一捆，用无害材料包裹。外挂标签，写明苗木品种、规格、数量、出圃日期、具备产地证、合格证、苗木检疫证书。

8 建园

8.1 园地选择

选择地势平坦,有排灌条件,地下水位 1.0 m 以下,较肥沃的沙壤、轻壤或中壤地块;土壤含盐量 0.5%以下,pH 值 8 左右,活土层 30 cm 以上。

8.2 园地规划

8.2.1 要求

园地规划要求如下:

a) 园地规划集中连片,规模种植,园地应远离交通干道 100 m 以上;

b) 合理设置加工区(枸杞制干、储藏等)、种植区(地块)、道路、排灌水利系统,以及防护林带、绿肥种植区、堆肥场、养殖区等。

8.2.2 设置道路和水利系统

设置道路和水利系统按如下要求:

a) 设置连接枸杞园、加工厂和场外道路系统;

b) 建立完善的排灌系统;

c) 枸杞园四周应设置隔离沟、带或缓冲带。

8.2.3 营造防护林带

防护林主林带与当地主风向垂直,乔灌多树种混交;副林带与主林带垂直,设置在地条两头,以窄冠乔木混栽。

8.3 整地

上年秋季依地条平整园地,平整高差小于 5 cm,深翻 25 cm～30 cm,耙糖后依 335 m² ～667 m² 为一小区,建立隔水埂,隔水埂高度距离地面 40 cm～50 cm,灌冬水,以备翌年春季栽植苗木。

8.4 定植

8.4.1 时间

春季于萌芽前进行。

8.4.2 密度

株行距 1 m×3 m,每 667 m² 栽植 222 株。

8.4.3 方法

定植坑规格为 40 cm×40 cm×40 cm(长×宽×深),将表土和底土分别放置,每个定植坑施入堆肥 10 kg。栽植前先将苗木根系用清水浸泡,苗木根系放入定植坑,先填入表土,填土约一半时,稍微向上提苗木,使苗木根系舒展,再填入底土。整个过程,边填土,边用脚踩踏。填土至苗木根茎处,覆土略高于地面。栽植完毕后立即灌头水。

9 土壤管理和施肥

9.1 土壤管理

土壤管理要求如下:

a) 每 2 年检测一次土壤肥力水平和重金属元素含量。根据检测结果,采取土壤改良措施;

b) 采用地面覆盖等措施提高枸杞园的保土蓄水能力。覆盖材料应未受有害或有毒物质的污染;

c) 采取合理耕作、多施有机肥,行间间作豆科绿肥,使用有益微生物等方法改良土壤结构。

9.2 中耕除草

9.2.1 灌水后地表干燥适于机械进入时进行。

9.2.2 生长季节翻土深度 15 cm,接近树冠下 10 cm。要轻挖轻翻,不伤及根茎。园区杂草清理干净、不漏耕。

9.2.3 灌冬水前,翻土深度 25 cm,接近树冠下 15 cm,树冠下翻土要轻挖轻翻。清除园区内外杂草。

9.3 施肥

9.3.1 肥料种类

9.3.1.1 有机肥

有机肥指无害化处理的堆肥、沤肥、厩肥、沼气肥、绿肥、饼肥及商品有机肥。有机肥料的污染物质含量应符合表 1 的规定,商品有机肥经有机认证或认证机构同意使用。

表 1 有机肥污染物质允许含量

项目	浓度限值/(mg/kg)
砷	≤30
汞	≤5
镉	≤3
铬	≤70
铅	≤60
铜	≤250
六六六	≤0.2
滴滴涕	≤0.2

9.3.1.2 矿物源肥料、微量元素肥料和微生物肥料

只能作为培肥土壤的辅助材料。微量元素肥料在确认枸杞树有潜在缺素危险时作叶面肥喷施。微生物肥料应是非基因工程产物,并符合 NY 227 的要求。

9.3.2 施肥方法

施肥方法如下:

a) 基肥每 667 m² 施符合有机生产要求的农家肥 1 000 kg～2 000 kg,或商品有机肥 200 kg～400 kg,必要时配施一定数量的矿物源肥料和微生物肥料,于当年秋季开沟深施,施肥深度 20 cm 以上;

b) 追肥可结合枸杞树生育规律进行多次,采用腐熟后的农家肥,在根际浇施;或每 667 m² 每次施获得有机认证或认证机构同意使用的商品有机肥 100 kg 左右,在枸杞果实开采前 30 d～40 d 开沟施入,沟深 10 cm 左右,施后覆土;

c) 叶面肥根据枸杞树生长情况合理使用,叶面肥必须获得有机认证或认证机构同意使用。叶面肥料在枸杞鲜果采摘前 10 d 停止使用。

9.4 使用准则

使用准则如下:

a) 土壤培肥过程中允许和限制使用的物质见附录 A。使用附录 A 未列入的物质时,应由认证机构按照附录 D 的准则对该物质进行评估;

b) 禁止使用化学肥料和含有毒、有害物质的城市垃圾、污泥和其他物质等。

10 整形修剪

按照 GB/T 19116 规定执行。

11 病虫草害防治

11.1 总则

遵循防重于治的原则,从整个枸杞园生态系统出发,优先采用农业防治,综合运用物理防治和生物

防治措施,创造不利于病虫草孳生而有利于各类天敌繁衍的环境条件,增进生物多样性,保持枸杞园生态平衡,减少各类病虫草害所造成的损失。

11.2 防治方法

11.2.1 农业防治要求如下:

    a) 选用抗性较强的品种;

    b) 适时修剪,剪除病虫枝条;

    c) 适时灌水、中耕;

    d) 将落叶和杂草清理出园或深埋。

11.2.2 物理防治要求如下:

    a) 采用灯光诱杀、色板诱杀、性诱杀或糖醋诱杀;

    b) 覆盖地膜,防治枸杞红瘿蚊。

11.2.3 生物防治要求如下:

    a) 保护和利用当地枸杞园中的草蛉、瓢虫和寄生蜂等天敌昆虫,以及蜘蛛、捕食螨、蛙类、蜥蜴和鸟类等有益生物,减少人为因素对天敌的伤害;

    b) 允许有条件地使用微生物源农药、植物源农药。

11.2.4 允许有条件地使用矿物源农药。

11.3 农药使用准则

农药使用准则要求如下:

    a) 禁止使用和混配化学合成的杀虫剂、杀菌剂、杀螨剂、除草剂和植物生长调节剂;

    b) 植物源农药宜在病虫害大量发生时使用;

    c) 有机枸杞园主要病虫害及防治方法见附录B;

    d) 有机枸杞园病虫害防治允许、限制使用的物质与方法见附录C。使用附录C未列入的物质时,应由认证机构按照附录D的准则对该物质进行评估。

12 鲜果采收

12.1 采果时期及间隔

6月下旬至10月下旬,每5 d~7 d采收一蓬。

12.2 要求

鲜果采收要求如下:

    a) 鲜果成熟8成至9成(红色),严禁采收青果、黄果、霉果、病果;在采收中要轻采、轻拿、轻放、树上采净、地上拣净。下雨天或刚下过雨不采摘,早晨待露水干后再采摘。果实采下后,用清洗过的专用容器盛装、运输;

    b) 药剂防治现场与鲜果采收现场要保持100 m以上的安全距离;

    c) 注意采摘人员健康卫生,保持无传染性疾病,勤洗手,专用容器、运输工具要及时清洗。

13 鲜果制干

按照GB/T 19630.2的规定执行。

13.1 脱蜡

脱蜡要求如下:

    a) 采收后的鲜果运到加工场所,倒入专用筛中,浸入已配好的脱蜡冷浸液中浸泡30 s,提起控干后,倒入专用果栈上,每果栈约15 kg,均匀铺平,厚度2 cm~3 cm。清洗后的清洗液废料倒入污水池排入污水;

    b) 冷浸液配制使用物质符合GB/T 19630.2的规定,用水水质应符合GB 5749的规定。使用物质及用途如下:水,溶剂;乙醇,溶剂;氢氧化钠,酸度调节剂;碳酸钠,酸度调节剂;植物油,加工助剂。

13.2 制干

采用热风烘干法,要求如下:

a) 烘干设施:送风(引风机)同时加热(火炉)的通热风隧道;

b) 温度指标:进风口 60 ℃～65 ℃,出风口 40 ℃～45 ℃;

c) 干燥时间:55 h～70 h;

d) 干燥指标:果实含水量 13% 以下。

13.3 干果装袋

果实达到干燥指标时,从果栈上敲下集中,用风车除去叶、柄等轻质杂质,然后装入内衬塑料袋,塑料袋为聚乙烯或聚丙烯材质,符合国家食品卫生要求,外罩编织袋,等待拣选。

14 拣选、包装与贮藏

14.1 挑选

拣出霉果破碎粒、未成熟粒、油果、虫蛀粒、病斑粒、霉变粒等不完善粒和无使用价值粒及叶、柄、石子等物质。

14.2 包装

包装物应符合 GB/T 19630.2 的 4.6 的规定,按照 GB/T 19630.3 的要求进行标识,并不能与其他物质混合。

14.3 贮藏

按照 GB/T 19630.2 的 4.7 的规定执行。

15 出入库

建立库存台账,有机产品与非有机产品要在不同仓库保存,不同批号的有机产品在同一仓库保存时须有明显界限区别。

16 运输

按照 GB/T 19630.2 的 4.8 的规定执行。

17 有机枸杞园判别

有机枸杞园判别要求如下:

a) 枸杞园的生态环境达到有机枸杞产地环境条件的要求;

b) 枸杞园管理达到有机枸杞生产技术规程的要求;

c) 由认证机构根据标准和程序开展有机认证进行判别。

18 转换

转换要求如下:

a) 常规枸杞园成为有机枸杞园需要经过转换。生产者在转换期间必须完全按本标准的要求进行管理和操作;

b) 枸杞园的转换期一般为 36 个月。但某些已经在按本标准管理或种植的枸杞园,或新开垦、荒芜的枸杞园,如能提供真实的书面证明材料和生产技术档案,也应经过至少 12 个月的转换期;

c) 已认证的有机枸杞园一旦改为常规生产方式,则需要经过转换才有可能重新获得有机认证。

附 录 A

（规范性附录）

有机枸杞园允许使用的土壤培肥和改良物质

有机枸杞园允许使用的土壤培肥和改良物质见表 A.1。

表 A.1 有机枸杞园允许使用的土壤培肥和改良物质

物质类别		物质名称、组分和要求	使用条件
I 植物和动物来源	有机农业 体系内	作物秸秆和绿肥	
		畜禽粪便及其堆肥（包括圈肥）	
	有机农业体系以外	秸秆	与动物粪便堆制并充分腐熟后
		畜禽粪便及其堆肥	满足堆肥的要求
		干的农家肥和脱水家畜粪便	满足堆肥的要求
		海草或物理方法生产的海草产品	未经过化学加工处理
		来自未经化学处理木材的木料、树皮、锯屑、刨花、木灰、木炭及腐殖酸物质	地面覆盖或堆制后作为有机肥源
		未掺杂防腐剂的肉、骨头和皮毛制品	经过堆制或发酵处理后
		蘑菇培养废料和蚯蚓培养基质的堆肥	满足堆肥的要求
		不含合成添加剂的食品工业副产品	应经过堆制或发酵处理后
		草木灰	
		不含合成添加剂的泥炭	禁止用于土壤改良；只允许作为盆栽基质使用
		饼粕	不能使用经化学方法加工的
		鱼粉	未添加化学合成的物质
II 矿物来源	磷矿石		应当是天然的，应当是物理方法获得的，五氧化二磷中镉含量小于等于 90 mg/kg
	钾矿粉		应当是物理方法获得的，不能通过化学方法浓缩。氯的含量少于 60%
	硼酸岩		
	微量元素		天然物质或来自未经化学处理、未添加化学合成物质
	镁矿粉		天然物质或来自未经化学处理、未添加化学合成物质
	天然硫磺		
	石灰石、石膏和白垩		天然物质或来自未经化学处理、未添加化学合成物质
	黏土（如珍珠岩、蛭石等）		天然物质或来自未经化学处理、未添加化学合成物质
	氯化钙、氯化钠		
	窑灰		未经化学处理、未添加化学合成物质
	钙镁改良剂		
	泻盐类（含水硫酸岩）		
III 微生物来源	可生物降解的微生物加工副产品，如酿酒和蒸馏酒行业的加工副产品		
	天然存在的微生物配制的制剂		

附　录　B

（规范性附录）

有机枸杞园主要病虫害及其防治方法

有机枸杞园主要病虫害及其防治方法见表 B.1。

表 B.1　有机枸杞园主要病虫害及其防治方法

主要病虫	防治措施
枸杞蚜虫	1. 应用清园、修剪、土壤耕作农业措施，减少虫源、营造不利于害虫孳生的条件； 2. 秋末、春初采用石硫合剂封园；
枸杞木虱	3. 释放瓢虫等害虫天敌； 4. 喷施植物杀虫剂，如苦参碱、鱼藤酮、除虫菊及其制剂
枸杞瘿螨	1. 应用清园、修剪、土壤耕作农业措施； 2. 石硫合剂封园；
枸杞锈螨	3. 喷施硫磺（硫磺悬浮剂）、天然矿物油或生物杀螨剂
枸杞红瘿蚊	1. 石硫合剂封园； 2. 采用农业措施预防，5月上旬前不要翻动园地； 3. 采取人工摘除危害花蕾并进行深理处理； 4. 采取园地腹膜防止成虫羽化出土。腹膜材料为聚乙烯或聚丙烯塑料薄膜；覆膜时间为 4 月上旬成虫出土前，撤膜时间为 5 月中下旬。
枸杞黑果病	1. 石硫合剂封园； 2. 整形修剪、翻晒园地、深埋病叶； 3. 发病初期，喷施硫磺悬浮剂或生物杀菌剂

附　录　C
（规范性附录）
有机枸杞园允许使用的植物保护物质和措施

有机枸杞园允许使用的植物保护物质和措施见表 C.1。

表 C.1　有机枸杞园允许使用的植物保护物质和措施

物质类别	物质名称、组分要求	使用条件
Ⅰ.植物和动物来源	印楝树提取物及其制剂	
	天然除虫菊（除虫菊科植物提取液）	
	苦楝碱（苦木科植物提取液）	
	鱼藤酮类（毛鱼藤）	
	苦参及其制剂	
	植物油及其乳剂、植物制剂	
	植物来源的驱避剂（如薄荷、薰衣草）	
	天然诱剂和杀线虫剂（如万寿菊、孔雀草）	
	天然酸（如食醋、木醋和竹醋等）	
Ⅱ.矿物来源	铜盐（如硫酸铜、氢氧化铜、氯氧化铜、辛酸铜等）	不得对土壤造成污染
	石灰硫磺（多硫化钙）	
	波尔多液	
	石灰	
	硫磺	
	高锰酸钾	
	碳酸氢钾	
	碳酸氢钠	
	轻矿物油（石蜡油）	
	氯化钙	
	硅藻土	
	黏土（如斑脱土、珍珠岩、蛭石、沸石等）	
	硅酸盐（如硅酸钠、石英）	
Ⅲ.微生物来源	真菌及真菌制剂（如白僵菊、轮枝菌）	
	细菌及细菌制剂（如苏云金杆菌，即 BT）	
	释放寄生、捕食、绝育型的害虫天敌	
	病毒及病毒制剂（如颗粒体病毒等）	

表 C.1（续）

物质类别	物质名称、组分要求	使用条件
Ⅳ.诱捕剂、屏障、驱避剂	物理措施（如色彩诱器器、机械诱捕器等）	
	覆盖物（网）	
	昆虫性外激素	仅用于诱捕器和散发皿内
	四聚乙醛制剂	驱避高等动物
Ⅴ.其他	氢氧化钙	
	二氧化碳	
	乙醇	
	海盐和盐水	
	苏打	
	软皂（钾肥皂）	
	二氧化硫	

附　录　D

（资料性附录）

评估有机生产中使用其他物质的标准

在附录 A 和附录 C 涉及有机枸杞园用于培肥和病虫害防治的产品不能满足要求的情况下，可以根据本附录描述的评估准则对有机枸杞园使用除附录 A 和附录 C 以外的其他物质进行评估。

D.1　原则

D.1.1　土壤培肥和土壤改良允许使用的物质

D.1.1.1　为达到或保持土壤肥力或为满足特殊的营养要求，而为特定的土壤改良所必需的，附录 A 和本标准概述的方法所不可能满足和替代的物质。

D.1.1.2　该物质来自植物、动物、微生物或矿物，并允许经过如下处理：

a)　物理（机械、热）处理；

b)　酶处理；

c)　微生物（堆肥、消化）处理。

D.1.1.3　经可靠的试验数据证明该物质的使用应不会导致或产生对环境的不能接受的影响或污染，包括对土壤生物的影响和污染。

D.1.1.4　该物质的使用不应对最终产品的质量和安全性产生不可接受的影响。

D.1.2　控制植物病虫草害所允许使用的物质

D.1.2.1　该物质是防治有害生物或特殊病害所必需的，而且除此物质外没有其他生物的、物理的方法或植物育种替代方法和（或）有效管理技术可用于防治这类有害生物或特殊病害。

D.1.2.2　该物质（活性化合物）源自植物、动物、微生物或矿物，并可经过以下处理：

a)　物理处理；

b)　酶处理；

c)　微生物处理。

D.1.2.3　有可靠的试验结果证明该物质的使用应不会导致或产生对环境的不能接受的影响或污染。

D.1.2.4　如果某物质的天然形态数量不足，可以考虑使用与该自然物质的性质相同的化学合成物质，如化学合成的外激素（性诱剂），但前提是其使用不会直接或间接造成环境或产品污染。

D.2　评估程序

D.2.1　必要性

D.2.1.1　只有在必要的情况下才能使用某种投入物质。投入某物质的必要性可从产量、产品质量、环境安全性、生态保护、景观、人类和动物的生存条件等方面进行评估。

D.2.1.2　某投入物质的使用可限制于：

a)　特殊区域；

b)　可使用该投入物质的特殊条件。

D.2.2　投入物质的性质和生产方法

D.2.2.1　投入物质的性质

投入物质的性质如下：

1)　投入物质的来源一般应来源于（按先后选用顺序）：有机物（植物、动物、微生物）、矿物。

2)　可以使用等同于天然产品的化学合成物质。

3)　在可能的情况下，应优先选择使用可再生的投入物质。其次应选择矿物源的投入物质，而第三选择是化学性质等同天然产品的投入物质。在允许使用化学性质等同的投入物质时需要考虑其在生态上、技术上或经济上的理由。

D.2.2.2 生产方法

投入物质的配料可以经过以下处理：

a) 机械处理；

b) 物理处理；

c) 酶处理；

d) 微生物作用处理；

e) 化学处理（作为例外并受限制）。

D.2.2.3 采集

构成投入物质的原材料采集不得影响自然生境的稳定性，也不得影响采集区内任何物种的生存。

D.2.3 环境安全性

环境安全性要求如下：

a) 投入物质不得危害环境或对环境产生持续的负面影响。投入物质也不应造成对地面、地下水、空气或土壤的不可接受的污染。应对这些物质的加入、使用和分解过程的所有阶段进行评价；

b) 必须考虑投入物质的特性。

D.2.3.1 可降解性

可降解性要求如下：

a) 所有投入物质必须可降解为二氧化碳、水和（或）其矿物形态；

b) 对非靶生物有高急性毒性的投入物质的半衰期最多不能超过 5 d；

c) 对作为投入的无毒天然物质没有规定的降解时限要求。

D.2.3.2 对非靶生物的急性毒性

当投入物质对非靶生物有较高急性毒性时，需要限制其使用。应采取措施保证这些靶生物的生存。可规定最大允许使用量。如果无法采取可以保证非靶生物生存的措施，则不得使用该投入物质。

D.2.3.3 长期慢性毒性

不得使用会在生物或生物系统中蓄积的投入物质，也不得使用已经知道有或怀疑有诱变性或致癌性的投入物质。如果投入这些物质会产生危险，应采取足以使这些危险降至可接受水平和防止长时间持续负面环境影响的措施。

D.2.3.4 化学合成产品和重金属

化学合成产品和重金属要求如下：

a) 投入物质中不应含有致害量的化学合成物质（异生化合制品）。仅在其性质完与自然界的产品相同时，才可允许使用化学合成的产品。

b) 投入的矿物质中的重金属含量应尽可能地少。由于缺代用品以及在有机农业中已经被长期、传统地使用，铜和铜盐目前尚是一个例外。但任何形态的铜在有机农业中的使用应视为临时性允许使用，并且就其环境影响而言，应限制使用。

D.2.4 对人体健康和产品质量的影响

D.2.4.1 人体健康

投入物质必须对人体健康无害。应考虑投入物质在加工、使用和降解过程中的所有阶段的情况，应采取降低投入物质使用危险的措施，并制定投入物质在有机农业中使用的标准。

D.2.4.2 产品质量

投入物质对产品质量（如味道、保质期、外观质量等）不得有负面影响。

D.2.5 伦理方面-动物生存条件

投入物质对农场饲养的动物的自然行为或机体功能不得有负面影响。

D.2.6 社会经济方面-消费者的感官

投入的物质不应造成有机产品的消费者对有机产品的抵触或反感。消费者可能会认为某投入物质对环境或人体健康是不安全的,尽管这在科学上可能尚未得到证实。投入物质的问题(例如基因工程问题)不应干扰人们对有机产品的总体感觉或看法。

ICS 65.020.01
B 05

DB64

宁夏回族自治区地方标准

DB64/T 677—2010

清水河流域枸杞规范化种植技术规程

Technical regulation of standardized planting of Lycium in Qingshuihe river basin

2010-12-17 发布

2010-12-17 实施

宁夏回族自治区质量技术监督局 发布

前　言

本标准按照 GB/T 1.1—2009 给出的规则起草。

本标准由宁夏农林科学院提出。

本标准由宁夏回族自治区林业局归口。

本标准起草单位：宁夏枸杞工程技术研究中心。

本标准主要起草人：石志刚、曹有龙、李云翔、王亚军、安巍、赵建华、焦恩宁、岳国军、张廷苏、高启平、郭文林、王东胜。

清水河流域枸杞规范化种植技术规程

1 范围

本标准规定了清水河流域枸杞规范化种植的建园、幼龄期管理技术、树形培养、成龄期管理技术、病虫防治、采收、制干、优质丰产指标、贮存。

本标准适用于清水河流域枸杞种植者的规范化种植。

2 规范性引用文件

下列文件对于本文件的应用是必不可少的。凡是注日期的引用文件,仅注日期的版本适用于本文件。凡是不注日期的引用文件,其最新版本(包括所有的修改单)适用于本文件。

GB 3095　环境空气质量标准

GB 5084　农田灌溉水质标准

GB 15618　土壤环境质量标准

GB/T 18672—2002　枸杞(枸杞子)

GB/T 19116—2003　枸杞栽培技术操作规程

DB64/T 562—2009　枸杞蚜虫防治农药安全使用技术

DB64/T 563—2009　枸杞瘿螨防治农药安全使用技术

3 建园

3.1 环境质量

3.1.1 水质应符合 GB 5084 二级以上标准。

3.1.2 大气环境应符合 GB 3095 二级以上标准。

3.1.3 土壤质量应符合 GB 15618 二级以上标准。

3.2 品种

宜选择"宁杞 1 号"和"宁杞 4 号"。

3.3 园地选择

选择地势平坦,土壤较肥沃的沙壤、轻壤或中壤;土壤全盐量 0.5% 以下,pH 值 8 左右,有效土层 40 cm 以上。

3.4 园地规划

应距交通干道 100 m 以上,按 GB/T 19116—2003 中 7.2 条执行。

3.5 栽植

3.5.1 时间

春栽于土壤解冻至萌芽前,秋栽于土壤结冻前。

3.5.2 密度

小面积分散栽培,株行距 1 m×2 m,每 667 m² 栽植 333 株;大面积集中栽植,株行距 1 m×3 m,每 667 m² 栽植 222 株。

3.5.3 方法

按株行距定植点挖坑,规格 30 cm×30 cm×40 cm(长×宽×深),坑内先施入经完全腐熟有机肥加复合肥(氮 0.07 kg、五氧化二磷 0.05 kg、氧化钾 0.06 kg)与土拌匀后准备栽苗。苗木定植前用 100 mg/L α-萘乙酸水溶液沾根 5 s 后,放入栽植坑填湿土,提苗、踏实、再填土至苗木基茎处,再踏实,覆土略高于地面。栽植完毕及时灌水。

4 幼龄期(1 年~4 年)管理技术

4.1 定干修剪

栽植的苗木萌芽后,将主干基茎以上 30 cm 分枝带以下的萌芽剪除,分枝带以上选留生长不同方向的 3 条~5 条侧枝作为形成第一层树冠的骨干枝,于株高 50 cm~60 cm 处剪顶。

4.2 夏季修剪

5 月下旬至 7 月下旬,每间隔 15 天剪除主干分枝带以下的萌条,将分枝带以上所留侧枝于枝长 20 cm 处短剪,促其萌发二次枝;侧枝上向上生长的壮枝于 30 cm 处剪顶作为树冠的主枝。

4.3 施肥

于 4 月中旬、7 月上旬、10 月中旬沿树冠外缘开对称穴坑,坑长 30 cm~50 cm,坑深 40 cm,每株全年施肥量如表 1。

表 1　单株施肥量

项　目	指　标		
	N/kg	P$_2$O$_5$/kg	K$_2$O/kg
第 1 年	0.059	0.04	0.024
第 2 年	0.06	0.05	0.04
第 3 年	0.09	0.06	0.05
第 4 年	0.10	0.08	0.06
注:为纯氮、纯磷、纯钾的总量。			

4.3.1 基肥

于 10 月中旬土壤封冻前,以腐熟的有机肥和氮、磷、钾复合肥为主,氮肥基施比例为全年施肥量的 60%;磷、钾肥比例为 40%。沿树冠外缘开沟 40 cm×20 cm×40 cm(长×宽×深),将定量的肥料施入沟内与土拌匀后封沟略高于地面。

4.3.2 追肥

于 6 月中旬和 8 月上旬各 1 次,以氮、磷、钾复合肥为主,每次氮肥基追比例为全年施肥量的 20%;

磷、钾肥比例为30％。沿树冠外缘开沟40 cm×20 cm×40 cm(长×宽×深),深施定量的肥料与土拌匀后封沟。

4.3.3 叶面喷肥

2年~4年生枸杞植株于5月~8月的每月中旬各喷洒1次枸杞叶面专用肥。

4.4 病虫防治

按DB64/T 562—2009、DB64/T 563—2009和GB/T 19116—2003中10.3条规定执行。

4.5 灌水

有设施灌溉条件的,4月~9月灌水4次,每667 m² 灌水量30 m³ 左右;11月上旬灌冬水每667 m² 灌水量70 m³ 左右。

4.6 中耕翻园

5月~8月中耕除草4次,深度15 cm;9月翻晒园地1次,深度25 cm,树冠下15 cm,不碰伤植株基茎。

4.7 秋季修剪

9月剪除植株根茎、主干、冠层所抽生的徒长枝。

5 树形培养

第1年定干剪顶,第2年、第3年培养基层、第4年放顶成形。

6 成龄期(5年以上)管理技术

6.1 修剪

6.1.1 休眠期修剪

2月~3月,以"重短截、轻疏剪"为主,剪除徒长枝、病残枝、结果枝组上过密细弱枝,短截中间枝,选留结果枝。

6.1.2 春季修剪

4月下旬至5月上旬,抹芽剪干枯枝。

6.1.3 夏季修剪

5月中旬至7月上旬,剪除徒长枝,短截中间枝,摘心2次枝。

6.1.4 秋季修剪

10月剪除徒长枝。

6.2 土肥水管理

6.2.1 土壤耕作

3月下旬至4月上旬浅耕,深度15 cm,树冠下10 cm;5月~8月的每月中旬各进行中耕除草1次,深度20 cm,树冠下10 cm;9月中旬翻晒园地,行间25 cm,树冠下10 cm。

6.2.2 施肥

6.2.2.1 基肥

10月土壤封冻前,按产100 kg干果施氮23.7 kg、五氧化二磷16.0 kg、氧化钾9.7 kg施肥量施入腐熟有机肥和氮、磷、钾复合肥。

6.2.2.2 追肥

6月上旬、8月中旬各1次,按产100 kg干果施氮7.9 kg、五氧化二磷5.3 kg、氧化钾3.2 kg施肥量施入枸杞专用肥。

6.2.2.3 叶面喷肥

5月~7月的每月中旬各1次,按背负式喷雾每667 m² 40 kg肥液、机动式喷雾每667 hm² 60 kg肥液的施肥量施入枸杞专用营养液肥。

6.2.3 灌水

6.2.3.1 有设施灌溉条件下的节水灌溉

4月~9月灌水4次~5次,采用沟灌,开沟方法为以树干为中心,沟深10 cm~15 cm,两边各50 cm。每667 hm² 灌水量30 m³ 左右;11月上旬灌冬水每667 hm² 灌水量70 m³ 左右。

6.2.3.2 无灌溉条件下的集雨渗灌

4月~7月每间隔15 d~20 d灌水1次,采用集雨渗灌技术,利用集雨水窖,使用枸杞地下渗灌专用补水器进行微量补水,沿树冠外缘分别于距离地面30 cm处对称埋置2个5L容量的地下渗灌器,按照每株树全年补水量50 L,全年灌5次水,每次10 L。

7 病虫防治

按DB64/T 562—2009、DB64/T 563—2009和GB/T 19116—2003中10.3条的规定执行。

8 采收

8.1 采果要求

当果色鲜红,果面明亮,果蒂疏松,果肉软化,甜度适宜时采摘。

8.2 禁采

下雨天或刚下过雨不采摘,早晨露水未干不采摘,喷洒农药不到安全间隔期不采摘。

8.3 采果时间

6月下旬至7月下旬每7 d～9 d采摘1次,7月下旬至8月下旬每5 d～6 d采摘1次。

9 制干

选用晒干、热风制干、烘干棚等制干方法。

10 优质丰产指标

10.1 产量指标

栽植第1年每667 m² 产干果30 kg以上,第2年50 kg以上,第3年80 kg以上,第4年100 kg,进入成龄期150 kg以上。

10.2 质量指标

枸杞质量按照GB/T 18672—2002执行。

11 贮存

按GB/T 19116—2003中12条的规定执行。

ICS 65.020.01
B 05

DB64

宁夏回族自治区地方标准

DB64/T 678—2013
代替 DB64/T 678—2010

枸杞热风制干技术规程

Technical regulation for hot-air drying of Lycium

2013-09-13 发布 　　　　　　　　　　　　　 2013-09-13 实施

宁夏回族自治区质量技术监督局　发布

前　言

本标准按照 GB/T 1.1—2009 给出的规则起草。

本标准代替了 DB64/T 678—2010《枸杞热风制干技术规程》，与 DB64/T 678—2010 相比，除编辑性修改外主要技术变化如下：

——规范性引用文件增加"GB 1886—2008　食品添加剂　碳酸钠"和"GB 25588—2010　食品安全国家标准　食品添加剂　碳酸钾"；

——修改了"5 预处理液配置工艺"；

——修改了"6 热风制干工艺"；

——删除了"7 干果质量"、"8 干果初加工"、"9 贮存"。

本标准由宁夏农林科学院提出。

本标准由宁夏回族自治区农牧厅归口。

本标准起草单位：宁夏枸杞工程技术研究中心、宁夏农产品质量标准与检测技术研究所。

本标准主要起草人：石志刚、王晓菁、李云翔、苟春林、安巍、葛谦、赵建华、姜瑞、王亚军、王晓静、焦恩宁、赵银宝。

本标准的历次版本发布情况为：

——DB64/T 678—2010。

枸杞热风制干技术规程

1 范围

本标准制定了枸杞热风制干的术语和定义、鲜果采收、预处理和制干工艺。
本标准适用于枸杞鲜果制干的生产。

2 规范性引用文件

下列文件对于本文件的应用是必不可少的。凡是注日期的引用文件,仅注日期的版本适用于本文件。凡是不注日期的引用文件,其最新版本(包括所有的修改单)适用于本文件。

GB 1886　食品添加剂　碳酸钠

GB 25588　食品安全国家标准　食品添加剂　碳酸钾

3 术语和定义

下列术语和定义适用于本文件。

3.1

热风制干

由热风炉将冷风变为热风,用引风机将热风送入烘道,使鲜果水分排出的制干方法。

4 鲜果采收

4.1 成熟期

果实呈现出果色鲜红、果面明亮、果蒂疏松、果肉软化、甜度适宜等特征。

4.2 最佳采收期

4.2.1 外部特征

果身具4条~5条纵棱、果形柱状,顶端有短尖或平截,表皮明亮、果肉软化、富有弹性,甜度适宜。果蒂疏松,果柄较易从着生点处摘下。

4.2.2 内部特征

此期种子成熟,呈黄色或浅黄褐色,扁肾形,种皮骨质化。

5 预处理

5.1 鲜果预处理采用干粉处理法或溶液浸渍法,所用碳酸钾和碳酸钠应分别符合 GB 25588、GB 1886 的规定。

5.2 干粉处理法

按 3 g～5 g 碳酸钾或碳酸钠粉末处理 1 kg 枸杞鲜果的比例,在常温条件下,于盆内将碳酸钾或碳酸钠粉末均匀撒在枸杞鲜果上,来回轻轻倒动,放置 15 min～20 min 即可薄薄一层均匀摊在干燥器皿上,厚度 1 cm～2 cm。

5.3 溶液浸渍法

将采收后的鲜果倒入容器后,浸入 3％～5％的碳酸钠或碳酸钾溶液浸泡 1 min～2 min,捞出淋去多余溶液,用生活饮用水淋洗后,控干倒入干燥器皿上,均匀铺平,厚度 1 cm～2 cm。

6 制干工艺

6.1 制干方法

将处理后的鲜果均匀轻轻地摊放在干燥器皿上,厚度 1 cm～2 cm,将干燥器皿放在搬运车后送入制干装置,达到制干标准后,打开烘道门,拉出搬运车,取出干燥器皿。

6.2 制干温度

进风口 60 ℃～65 ℃,出风口 40 ℃～45 ℃。

6.3 制干时间

35 h～40 h。

6.4 制干指标

果实含水率≤13.0％。

ICS 65.020.20
B 05

DB64

宁夏回族自治区地方标准

DB64/T 771—2012

宁杞5号枸杞栽培技术规程

Technical regulation of Lycium cultivation for 'Ningqi-5'

2012-03-28 发布　　　　　　　　　　　　　　　　2012-03-28 实施

宁夏回族自治区质量技术监督局　发布

前　　言

　　本标准按照 GB/T 1.1—2009 给出的规则起草。

　　本标准由宁夏农林科学院提出。

　　本标准由宁夏回族自治区林业局归口。

　　本标准起草单位：宁夏农林科学院枸杞工程技术研究中心、银川育新枸杞种业公司、宁夏经济林研究中心。

　　本标准主要起草人：秦垦、刘元恒、唐慧锋、戴国礼、何军、李云翔、李瑞鹏、李丁仁、闫亚美、焦恩宁、王兵、田英、王自贵、杨玲、吴广生、杨立云。

宁杞5号枸杞栽培技术规程

1 范围

本标准规定了宁杞5号枸杞栽培技术的品种特征与特性、适宜栽培区域、优质丰产指标、苗木培育、建园、整形修剪技术、土、肥、水管理、病虫害防治、鲜果采收与制干、包装和贮存。

本标准适用于宁杞5号的栽培与管理。

2 规范性引用文件

下列文件对于本文件的应用是必不可少的。凡是注日期的引用文件,仅注日期的版本适用于本文件。凡是不注日期的引用文件,其最新版本(包括所有的修改单)适用于本文件。

GB/T 8321.1—2000　农药合理使用准则(一)
GB/T 8321.2—2000　农药合理使用准则(二)
GB/T 8321.3—2000　农药合理使用准则(三)
GB/T 8321.4—2006　农药合理使用准则(四)
GB/T 8321.5—2006　农药合理使用准则(五)
GB/T 8321.6—2000　农药合理使用准则(六)
GB/T 8321.7—2002　农药合理使用准则(七)
GB/T 8321.8—2007　农药合理使用准则(八)
GB/T 8321.9—2009　农药合理使用准则(九)
GB/T 18672—2002　枸杞(枸杞子)国家标准
GB/T 19116—2003　枸杞栽培技术规程
NY/T 5249—2004　无公害食品　枸杞生产技术规程
SN/T 0878—2000　进出口枸杞子检验规程
DB64/T 676—2010　枸杞苗木质量

3 品种特征与特性

3.1 品种特征

3.1.1 枝

当年生嫩枝梢部略有紫色条纹,较细弱,节间较长,成熟枝条后三分之一段常具细弱小针刺。

3.1.2 叶

当年生枝成熟叶片青灰绿色,中脉平展,质地较厚,叶最宽处近中部,叶长宽比4.12~4.38。

3.1.3 花

萼片多2裂,柱头显著高于花药,花药开裂后内无花粉。

3.1.4 果

青果先端平,无果尖;成熟鲜果橙红色,果表光亮,果腰部平直,先端钝圆,果身多不具棱,纵剖面近距圆形,果型指数 2.2。

3.2 品种特性

3.2.1 生长习性

一龄树营养生长势强、需两级摘心才能向生殖生长转化。二龄后,当年生起始着果节位 8.2、每节花果数 0.9 个;剪截成枝力 4.5,自然成枝力 10.4。

3.2.2 繁育系统类型

雄性不育,专性异交,需配授粉树、需要传粉者。

3.2.3 果实习性

鲜果较耐挤压,果实鲜干比 4.6:1~4.9:1,自然晾晒制干需时较长,干果色泽红润果表有光泽。雨后易裂果。

3.2.4 病虫害抗性

瘿螨、白粉病、根腐病抗性较弱,对蓟马抗性强。

3.2.5 适应性

喜光照,耐寒、耐旱,不耐阴、湿。

4 适宜栽培区域

GB/T 19116—2003 规定的地下水位 1.2 m 以下的宁夏枸杞适生区。

5 优质丰产指标

5.1 树体指标

成龄树树型为低干矮冠自然半圆型,成龄树后控制株高 1.6 m 左右,冠幅 1.5 m 左右,结果枝 250 条~300 条,基茎粗 5 cm 以上。

5.2 产量指标

栽植第 1 年产干果 20 kg/667 m² 以上,第 2 年 50 kg/667 m² 以上,第 3 年 150 kg/667 m² 以上,第 4 年进入成龄期 200 kg/667 m² 以上。

5.3 质量指标

枸杞质量按 GB/T 18672—2002 的规定执行。

6 苗木培育

6.1 种苗繁殖

扦插育苗按 NY/T 5249—2004 中 4.3 的规定执行。

6.2 种苗规格、检验方法与包装运输

按 DB64/T 676—2010 的规定执行。

7 建园

7.1 园地选择与规划

按 GB/T 19116—2003 的规定执行。

7.2 定植

7.2.1 种苗

DB64/T 676—2010 规定的特、1级种苗。

7.2.2 密度

小面积分散栽培以 1.5 m×2.0 m 为宜,大面积连片种植以 1.0 m×3.0 m 为宜。

7.2.3 授粉树选择与配置比例

选择"宁杞1号""宁杞4号""宁杞7号"为授粉树1∶1行间配置。

7.2.4 定植时间

春季解冻后至萌芽前起苗定植。

7.2.5 定植方法

7.2.5.1 种苗预处理

裸根苗定植前使用 20 mg/kg 萘乙酸＋海藻肥(具体产品规定用量)＋EM 菌肥水溶液浸泡 4 h～6 h。

7.2.5.2 起垄、定植穴开挖、基肥与定植方法

顺行起高 15 cm,宽 45 cm 垄,定植穴、基肥、定植方法按 NY/T 5249—2004 的规定执行。

8 整形修剪技术

8.1 适宜树型

成龄树冠面距地表 1.5 m。单主干基层有主枝 4 个～5 个,冠幅 1.5 m,基层冠面高 1.1 m～1.2 m;单中心延长杆,顶层有主枝 3 个～4 个,冠幅 1.3 m,两层间距 40 cm,盛果期单株枝量 200 条～250 条。

8.2 幼龄树整形修剪

通常指树龄 1 年～4 年、盛果期前的整形修剪。1 年定干放顶培养基层 1.1 m 冠面骨架,第 2 年～第 3 年上半年巩固充实基层树冠,第 3 年下半年至第 4 年培养第 2 层冠面 1.5 m 树冠,5 成龄后"控上促下、去旧留新"。具体步骤见附录 A。

8.2.1 1 龄树

8.2.1.1 定干

距地表 65 cm 摘心或剪顶,分支带位置:距地表 50 cm～65 cm;主枝数量:4 个～5 个。

8.2.1.2 培养基层

当年在定干剪口下 10 cm～15 cm 范围内选 4 个～5 个在主干上分布均匀的新枝,于 10 cm～15 cm 处短截,促发侧枝,再其生长至 10 cm～15 cm 时作 2 次摘心,促发 2 级侧枝,对直立的徒长枝及时进行疏除。

8.2.2 2 龄树后

留枝量与树冠培养速度可按 GB/T 19116—2003 的规定进行。

8.2.2.1 休眠期修剪

只"疏"不"截"。

8.2.2.2 夏季(生长季节)修剪(5 月～10 月)

春季发芽后,除补形需要所需选留的芽体外,及时抹除主干、主枝及侧枝基部 4 cm～5 cm 处的所有部位的芽体;头水前抹芽 3 次;主干与主枝上的新枝抽生长度超过 10 cm 的需用剪刀自基部剪除,不可硬性掰除;二年生盛花期,二年生枝成枝过多时,可用短截原二年生枝的方法对当年结果枝数量进行调整。

8.3 成龄树整形修剪

休眠期修剪只疏不截,修剪后单株留枝量控制在 30 左右,夏季同幼树期。

9 土、肥、水管理

9.1 土壤耕作与中耕除草

按 GB/T 19116—2003 的规定执行,耕作时不碰伤主干与根茎。

9.2 施肥

9.2.1 基肥

10 月中下旬,每株施饼肥 1 kg～1.5 kg 或厩肥 0.01 m³(饼肥、厩肥需添加商品菌肥腐熟),中微量元素(按产品说明使用),复合肥(依树龄而定,2 龄～3 龄树 100 g～150 g,4 龄及 4 龄以后 150 g～200 g(纯氮 0.236 kg、纯磷 0.160 kg、纯钾 0.097 kg),沿树冠外缘开沟深施。

9.2.2 追肥

9.2.2.1 沿树冠外缘开 15 cm 深的环形沟,撒入肥料,复土、灌水。肥料种类:尿素、磷酸二铵、硫酸钾镁,枸杞专用复合肥、有机复合肥。

9.2.2.2 1 龄树 6 月初、7 月中旬,各追肥 1 次每次每株 100 g,2 龄~3 龄树,发芽前、盛花期前、果实初熟时各追肥 1 次,单株 150 g~200 g,4 龄树可增加至每次 200 g~250 g,前期以氮磷为主,后期以氮磷钾复合为主。

9.2.2.3 成龄树,发芽前至抽新梢时,单株追尿素、磷酸二铵 1∶2 混合肥 250 g,盛花期时追施氮磷钾 1∶1.5∶1 复合肥 250 g,果实初熟期追施氮磷钾 1∶1.5∶1 复合肥 250 g。

9.2.3 叶面追肥

选择复配中微量元素的海藻肥,5、6 月每半月 1 次、结合防虫一并喷施,用法用量参考具体产品使用说明。

9.3 灌水

全年灌水 5 次~7 次,盛果期灌水以不没过垄面为宜,如积水应及时排除。灌水后旋耕、确保土壤良好的通透性,冬水易早、易少。

10 病虫害防治

生产园病虫害防治关键期的物候以宁杞 5 号为准,防治药剂选择与方法按 NY/T 5249—2004 的规定执行。花期农药使用时间选在蜜蜂基本归巢后的傍晚 7 时后至出巢前的早晨 8 时前,农药选择对蜜蜂损伤小的种类。

10.1 主要病虫害及其防治关键期

10.1.1 蚜虫、木虱、瘿螨、锈螨、红瘿蚊、黑果病

防治药剂选择与方法按 NY/T 5249—2004 的规定执行,也可参照附录 B。

10.1.2 白粉病

枸杞开花及幼果期是该病害防治的关键期。天气干燥比多雨天气发病重,日夜温差大有利于此病的发生、蔓延。防治药剂见附录 B。

10.1.3 根腐病

通过"夏季除草不伤根茎,减少病菌入侵;灌水均匀,不积水,改善根部土壤含氧量,消除发病环境;基肥添加微生物肥料改善根际微生物环境,加大有益菌总量进行微生物拮抗;基肥中添加中微量元素,叶面喷施海藻肥,提高树体抗性"的综合农艺措施进行防治。

10.1.4 枸杞流胶病

主干上的芽体抽生长度 10 cm 以上时不可掰除,需用剪刀自基部疏除,消除发病源;发病时可刮除患病部位树皮,涂抹饱和硫酸铜水溶液。

11 鲜果采收与制干

11.1 鲜果采收

11.1.1 采收

果实变色后 1 d～2 d、8 成至 9 成熟、果实橙红色时进行。用于制干的无需带柄,用于鲜食的采摘时需带果柄。

11.1.2 适宜盛载深度与承载量

用于制干的果筐盛载深度 20 cm～30 cm 为宜,鲜食每包装以 100 g 为易。

11.2 制干

11.2.1 脱蜡

浸入已配好的 3％食品级碳酸钠或碳酸钾水溶液浸液中浸泡 30 s,提起控干后,倒入果栈上均匀铺平,厚度 2 cm～3 cm。

11.2.2 自然晾晒

按 GB/T 19116—2003 的规定执行,干果含水率按 SN/T 0878—2000 的规定执行。

11.2.3 热风通热风隧道烘干法

11.2.4 温度指标

首次使用时全道承装鲜果时前 10 h 进风口温度设定为 50 ℃以后逐渐升高至 65 ℃,出风口 45 ℃。

11.2.5 干燥时间

36 h～48 h。

11.2.6 干燥指标

果实含水量 13％以下。

12 包装和贮存

12.1 干果

按 GB/T 19116—2003 的规定执行。

12.2 鲜果

预冷后 12 h 后,放入 4 ℃的冷藏库保存。

附　录　A

（资料性附录）

低杆矮冠两层自然半圆形树形培养图例

A.1　一龄树修剪见图A.1。

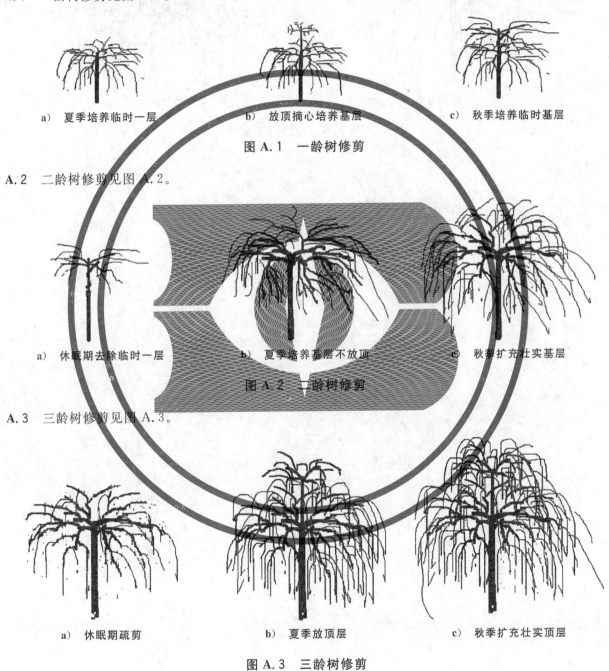

　a）夏季培养临时一层　　　　　b）放顶摘心培养基层　　　　　c）秋季培养临时基层

图A.1　一龄树修剪

A.2　二龄树修剪见图A.2。

　a）休眠期去除临时一层　　　　b）夏季培养基层不放顶　　　　c）秋季扩充壮实基层

图A.2　二龄树修剪

A.3　三龄树修剪见图A.3。

　a）休眠期疏剪　　　　　　　　b）夏季放顶层　　　　　　　　c）秋季扩充壮实顶层

图A.3　三龄树修剪

A.4 四龄树修剪见图 A.4。

a) 休眠期疏剪　　　　　　　　b) 秋季控顶层壮基层

图 A.4　四龄树修剪

附　录　B
（资料性附录）
主要病虫害防治建议使用药剂

主要病虫害防治建议使用药剂见表B.1。

表 B.1　主要病虫害防治建议使用药剂

病虫害	化学药剂	复配药剂	生物药剂	微生物药剂	矿物药剂
蚜虫	吡虫啉、啶虫咪、烯啶虫胺、吡蚜酮、抗蚜威、噻虫嗪、毒死蜱、高效氯氰菊酯、溴氰菊酯、甲氨基阿维菌素苯甲酸盐	小檗碱·吡虫啉、阿维·印楝、苦参素·印楝	苦参碱、藜芦碱、印楝素、小檗碱烟碱、鱼藤酮	苏云金杆菌	石硫合剂
瘿螨	四螨嗪、阿维菌素、哒螨酮、杀螨隆	小檗碱·阿维菌素	印楝素、苦参碱、藜芦碱、小檗碱	浏阳霉素、农抗120、华光霉素	硫磺胶悬剂、石硫合剂
木虱	同蚜虫	同蚜虫	同蚜虫	同蚜虫	同蚜虫
蓟马	高效氯氰菊酯		印楝素、斑蝥素		硫磺胶悬剂
白粉病	白粉病	三唑酮、甲基托布津、代森锰锌、百菌清、世高	硫磺·三唑酮	多抗霉素、农抗120、武夷霉素、宁南霉素	硫磺胶悬剂
黑果病	同白粉病			武夷霉素、中生霉素	硫磺胶悬剂

注：上述只是建议用药，具体浓度计量因厂家的不同而不同，除上述药剂外可选择符合GB/T 8321.1—2000、GB/T 8321.2—2000、GB/T 8321.3—2000、GB/T 8321.4—2006、GB/T 8321.5—2006 、GB/T 8321.6—2000、GB/T 8321.7—2002、GB/T 8321.8—2007、GB/T 8321.9—2009,以及当地技术人员的推荐药剂。

ICS 65.020.20
B 05

DB64

宁夏回族自治区地方标准

DB64/T 772—2018
代替 DB64/T 772—2012

宁杞7号枸杞栽培技术规程

Technical regulation of Lycium cultivation for 'Ningqi-7'

2018-10-18 发布

2019-01-17 实施

宁夏回族自治区市场监督管理厅　发 布

前　言

本标准按照 GB/T 1.1—2009 给出的规则起草。

本标准代替 DB64/T 772—2012《宁杞 7 号枸杞栽培技术规程》。与 DB64/T 772—2012 相比,除编辑性修改外主要技术变化如下:

——调整了"范围"中的内容,增加了"年降水量≤300 mm 有灌溉条件地区";

——在规范性引用文件中,删除了 GB/T 8321(所有部分)、SN/T 0878—2000《进出口枸杞子检验规程》,增加了 DB64/T 851《枸杞虫害防控技术规程》、DB64/T 1204《枸杞水肥一体化技术规程》、DB64/T 1210《枸杞优质苗木繁育技术规程》、DB64/T 1213《枸杞病虫害防治农药安全使用规范》;

——增加了"术语与定义"的相关内容;

——修改标题"品种特征"为"植物学特性",调整了相关内容;

——修改标题"品种特性"为"生物学特性",调整了相关内容;

——删除了标题"适宜栽培区域"及相关内容;

——修改了"树体指标"的相关内容;

——修改了"质量指标"的相关内容;

——修改了"种苗繁育"的相关内容;

——修改标题"园地选择与规划"为"园地选择",调整了相关内容;

——增加了标题"行向"及相关要求;

——删除了标题"起苗与定植时间";

——修改了"定植方法"的相关内容;

——修改了"两层自然半圆形"的相关要求;

——修改了"适宜修剪方法"的相关要求;

——修改了"基肥"的相关内容;

——修改了"追肥"的相关内容,增加了表;

——修改了"叶面追肥"的相关内容;

——修改了"病虫害防治"引用的标准及相关内容,删除了"病虫害防治"中再分段的规定;

——修改了"适宜盛载深度"的相关内容;

——修改了"脱蜡"的相关内容;

——删除了标题"自然晾晒"及内容;

——删除了标题"热风通热风隧道烘干法"及内容;

——删除了"附录 A"主要病虫害建议使用防治药剂的内容,增加了树形结构示意图。

本标准由宁夏农林科学院提出。

本标准由宁夏回族自治区林业和草原局归口。

本标准起草单位:宁夏农林科学院枸杞工程技术研究所、国家枸杞工程技术研究中心、宁夏回族自治区标准化院。

本标准主要起草人:何昕孺、秦垦、戴国礼、何军、夏道芳、李云翔、李瑞鹏、闫亚美、焦恩宁、周旋、张波、黄婷、段淋渊、杨玲、杨立云、张文华、穆彩霞、塔娜。

宁杞7号枸杞栽培技术规程

1 范围

本标准规定了宁杞7号枸杞的品种特征与特性、优质丰产指标、苗木培育、建园、整形修剪、土肥水管理、病虫害防治、鲜果采收与制干、包装和贮运。

本标准适用于年降水量≤300 mm有灌溉条件地区的宁杞7号的栽培和管理。

2 规范性引用文件

下列文件对于本文件的应用是必不可少的。凡是注日期的引用文件,仅注日期的版本适用于本文件。凡是不注日期的引用文件,其最新版本(包括所有的修改单)适用于本文件。

GB/T 18672 枸杞

GB/T 19116 枸杞栽培技术规程

NY/T 5249 无公害食品 枸杞生产技术规程

DB64/T 676 枸杞苗木质量

DB64/T 851 枸杞虫害防控技术规程

DB64/T 1204 枸杞水肥一体化技术规程

DB64/T 1210 枸杞优质苗木繁育技术规程

DB64/T 1213 枸杞病虫害防治农药安全使用规范

3 术语和定义

下列术语和定义适用于本文件。

3.1

冠面

冠层顶部的水平面。

4 品种特征与特性

4.1 植物学特性

宁杞7号(学名:Lycium barbarum L. "Ningqi-7")为宁夏枸杞。1年生枝快速抽生期未木质化时梢部绿色,表皮有少量紫色条纹。1年生枝上成熟叶片宽披针形、青灰绿色,叶脉清晰、凸起。花冠檐部裂片背面中央有1条绿色维管束,花展开后2 h~3 h,花冠堇紫色自花冠边缘向喉部逐渐消退,远观花冠外缘近白色。幼果粗直、花冠脱落处无果尖,鲜果无清晰果棱、长圆柱型、暗红色,果表无光泽,平均单果重0.71 g,纵横径比值2.0。鲜果耐挤压,果实鲜干比4.3∶1~4.7∶1。

4.2 生物学特性

萌芽较宁杞1号早4 d~5 d,2年生夏秋枝上年结实枝每叶腋花量0.2个,2年生秋枝上年未成熟果部位每叶腋花量2.2个;1年生枝起始坐果节位3以上,每节花果数平均2.1;剪截成枝力3.5。自交亲和。对瘿螨、蓟马、白粉病抗性弱。耐盐碱,耐寒,不耐阴湿。

5　优质丰产指标

5.1　树体指标

两层自然半圆型,株高 1.4 m～1.5 m,冠幅 1.4 m～1.5 m,结果母枝 80 根～110 根,夏季结果枝 250 根～300 根。

5.2　产量指标

栽植第 1 年干果产量 15 kg/667 m² 以上,第 2 年产量 60 kg/667 m² 以上,第 3 年产量 120 kg/667 m² 以上,第 4 年产量 200 kg/667 m² 以上,第 5 年以后产量同第 4 年。

5.3　质量指标

参照 GB/T 18672 执行,其中特优级果率 60% 以上,特级果率 20% 以上,甲级果率 15% 以上。

6　苗木培育

6.1　苗木繁育

6.1.1　硬枝插穗

配制 30 mg/L 萘乙酸＋15 mg/L 吲哚丁酸 2：1 的水溶液作为插穗处理剂,再将绑成捆的种条基部 1/4 处置入生根液中浸泡至顶部木质部明显浸润,最长 12 h。

6.1.2　嫩枝插穗

配制 250 mg/L 萘乙酸＋150 mg/L 吲哚丁酸的水溶液作为插穗处理剂,加入 0.3% 代森锰锌、15% 滑石粉拌成水乳液。扦插前,插穗下部 2 cm 处速蘸生根剂,然后扦插。

6.1.3　繁育技术

参照 DB64/T 1210 执行。

6.2　种苗规格、检验方法和包装运输

种苗规格参照 NY/T 5249 执行,检验方法与包装运输参照 DB64/T 676 执行。

7　建园

7.1　园地选择

选择地势平坦,地下水位 1.0 m 以下,土壤含盐量 0.6% 以下,pH 值 9.0 以下,活土层 30 cm 以上的沙壤、轻壤或中壤土地块。

7.2　行向

南北行向栽植,行向与生产路垂直;行长 150 m～160 m,行头留 6 m 机耕道。

7.3 定植

7.3.1 苗木规格

参照 NY/T 5249 中嫩、硬枝一级以上苗木执行。

7.3.2 密度

株距 1.0 m～1.5 m 为宜，行距 3 m 为宜。定植时采用临时株加倍密植，3 年后夏果采摘结束后间挖。

7.3.3 定植方法

土壤解冻 40 cm 以上定植，具体定植方法参照 GB/T 19116 执行。

8 整形修剪

8.1 适宜树形与幼树整形

8.1.1 两层自然半圆形

8.1.1.1 基层分支

基层分支位于主干距地表 80 cm～100 cm，主枝 4 个～5 个，截留长度 15 cm；1 级侧枝 15 个～20 个，第 1 侧枝距主干 10 cm，截留长度 15 cm；2 级侧枝 30 个～40 个，截留长度 15 cm；结果母枝 60 个～70 个，截留长度 20 cm～30 cm。冠幅 140 cm，冠面高 110 cm。

8.1.1.2 顶层分支

顶层位于中心延长干上，分支距地表 120 cm～140 cm，顶层主枝 3 个～4 个，截留长度 10 cm；1 级侧枝 10 个～15 个，第 1 侧枝距主干 8 cm；2 级侧枝 20 个～25 个，截留长度 10 cm；结果母枝 35 个～40 个，截留长度 15 cm～20 cm。冠面高 140 cm。修剪图见附录 A 中图 A.1。

8.1.2 幼龄树整形

第 1 年定干放顶至 1.0 m，第 2 年至第 3 年夏季培养基层，第 3 年秋季至第 4 年培养第 2 层。

8.2 适宜修剪方法

8.2.1 冬季休眠期修剪

徒长枝、中间枝一律疏除；对 2 年生结果枝"疏、截"二字法，枝枝动剪不甩放，对上 1 年结果母枝枝长 1/3～1/2 处短截；对 2 年未结果或只有基部少量结实的二年生秋枝甩放。

8.2.2 春梢、秋梢交接期

为获得秋季产量，在 8 月 10 日前对徒长枝和影响树体结构的中间枝进行疏除，其余枝条不短截；为获得次年春季产量，在 8 月 10 日至 20 日，对夏季结果枝按冬季休眠期的修剪方式进行修剪。

8.2.3 春、秋生长期

除萌、抹芽方法参照 GB/T 19116 执行。

9 土肥水管理

9.1 土壤耕作

参照 GB/T 19116 执行。

9.2 施肥

9.2.1 基肥

收秋果冬灌前开沟,不收秋果夏季采果结束后开沟,沟深 40 cm~50 cm,宽 30 cm,在行的一侧开沟,逐年倒换,首年沟内缘距根茎基部 25 cm,每年外移 5 cm,直至外移到 45 cm 处。商品有机肥 2 000 kg/667m²。

9.2.2 追肥

漫灌条件下,追肥时期分为萌芽期、一年生春枝盛花期、夏果初熟期、一年生秋枝盛花期。滴灌条件下除萌芽肥外,其他阶段施肥氮磷钾比例与漫灌相同,施肥量减少至漫灌水平的 60% 左右,水水带肥,逐次施入。常用肥料为尿素、磷酸二铵、农业用硫酸钾。各树龄每亩施肥量见表1,各生育期追肥的比例见表2。

表 1 不同树龄的施肥量

树　龄	尿素/(kg/667 m²)	磷酸二铵/(kg/667 m²)	硫酸钾/(kg/667 m²)
1 年	44.0	33.0	22.0
2 年	95.0	85.0	50.0
3 年	105.0	95.0	60.0
4 年及以后	137.5	121.0	80.0

表 2 不同生育期配肥比例

生育期	氮/(%)	磷/(%)	钾/(%)
萌芽期(前)	35	45	15
一年生枝盛花期	25	35	45
夏季果实初熟期	25	10	20
一年生秋枝盛花期	15	10	15

9.2.3 叶面追肥

夏、秋果果实初熟后,每隔15天用0.4%氮、磷、钾1:1:1复合水溶肥与0.4%钙、镁、微量元素1:1:1复合肥交替喷施,共6次,喷施方法参照 GB/T 19116 执行。

9.3 灌水

漫灌条件下参照 GB/T 19116 执行;滴灌条件下参照 DB64/T 1204 执行。

10 病虫害防治

春秋两季抽枝前加强木虱与瘿螨防控;花期前加强蓟马的防控;秋果成熟期加强白粉病的防控。病虫害具体防治方法与药剂种类参照 DB64/T 1213、DB64/T 851 执行。

11 鲜果采收与制干

11.1 鲜果采收

11.1.1 适宜采收时间

果柄微红时采摘,预报有雨时可提前采摘以免裂果。

11.1.2 适宜盛载深度

采摘果筐容量以 10 kg～15 kg 为宜,运输果筐深度 15 cm～25 cm。

11.1.3 脱蜡

夏果用 3‰碳酸钠或碳酸钾＋2‰乙醇水溶液为宜,秋果用 4‰碳酸钠或碳酸钾＋2‰乙醇水溶液为宜。

11.2 制干

参照 GB/T 19116 执行。

12 包装和贮存

参照 GB/T 19116 执行。

附　录　A
（资料性附录）
低干矮冠两层自然半圆形树体结构示意图

成龄树结构示意图见图 A.1。

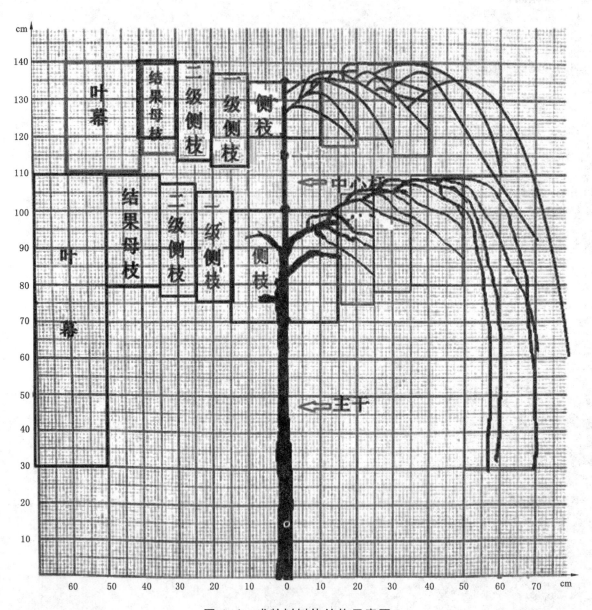

图 A.1　成龄树树体结构示意图

ICS 65.020.20
B 05

DB64

宁 夏 回 族 自 治 区 地 方 标 准

DB64/T 940—2013
代替 DB64/T 940—2013

宁夏枸杞栽培技术规程

Technical regulation of cultivation for Ningxia Lycium

2013-12-25 发布

2013-12-25 实施

宁夏回族自治区质量技术监督局 发 布

前　言

本标准按照 GB/T 1.1—2009 给出的规则起草。

本标准由宁夏回族自治区林业局提出并归口。

本标准起草单位：国家枸杞工程技术研究中心、宁夏葡萄花卉产业发展局。

本标准主要起草人：何军、曹有龙、安巍、石志刚、焦恩宁、夏道芳、李瑞鹏、秦垦、戴国礼。

宁夏枸杞栽培技术规程

1 范围

本标准规定了宁夏枸杞栽培的适宜区域、品种选择、扦插育苗、建园、土肥水管理、树体管理、病虫害防治、鲜果采收、制干。

本标准适用于宁夏枸杞的生产。

2 规范性引用文件

下列文件对于本文件的应用是必不可少的。凡是注日期的引用文件,仅注日期的版本适用于本文件。凡是不注日期的引用文件,其最新版本(包括所有的修改单)适用于本文件。

GB 3095　环境空气质量标准

GB 5084　农田灌溉水质标准

GB 15618　土壤环境质量标准

DB64/T 676—2010　枸杞苗木质量

DB64/T 850—2013　枸杞病害防治技术规程

DB64/T 851—2013　枸杞虫害防控技术规程

DB64/T 852—2013　枸杞病虫害监测预报技术规程

3 适宜区域

3.1 地理位置

北纬 35°14′～39°23′,东经 104°17′～107°39′之间。

3.2 气候条件

年平均气温 6.0 ℃～9.4 ℃,≥10 ℃年有效积温 2 100 ℃～3 500 ℃,年日照时数 2 200 h 以上。

3.3 立地条件

土壤类型为淡灰钙土、灌淤土、黑沪土;土质为轻壤、中壤或沙壤土,pH 值为 7.0～8.5,含盐量0.5%以下;地下水位 100 cm 以下,引水灌区水矿化度 1 g/L,苦水地区水矿化度 3 g/L～6 g/L。

3.4 环境质量

3.4.1 农田灌溉水质应达到 GB 5084 二级以上要求。

3.4.2 大气环境应达到 GB 3095 二级以上要求。

3.4.3 土壤质量应达到 GB 15618 二级以上要求。

4 品种选择

选用优质、抗逆性强、适应性广的宁夏枸杞(*Lycium barbarum* L.)的优良品种:宁杞 1 号、宁杞 4

号、宁杞 7 号。也可根据生产需要选用其他品种。

5 扦插育苗

5.1 苗圃地准备

5.1.1 苗圃地选择

苗圃地选择地势平坦、排灌方便、活土层深 30 cm 以上,土质为轻壤、中壤或沙壤,含盐量 0.2%以下。

5.1.2 整地

育苗前进行深耕、耙地,翻耕深度 20 cm 以上,清除石块、杂草,以达到土碎、地平。

5.1.3 土壤处理

用 5%辛硫磷颗粒剂 2.5 kg/667 m² 或者毒死蜱颗粒剂 2 kg/666.7 m² 拌土撒施,防治以金龟子幼虫(蛴螬)为主要种群的地下害虫。

5.1.4 施肥

结合翻地每 667 m² 施腐熟厩肥 3 000 kg～5 000 kg。

5.1.5 做床

嫩枝扦插按宽 1.0 m～1.4 m 规格作床,床上面铺约 3cm 厚的细风沙,用多菌灵或百菌清 500 倍液喷洒苗床灭菌。

5.2 育苗方法

5.2.1 硬枝扦插

5.2.1.1 扦插时间

春季的 3 月底或 4 月初枸杞萌芽前,秋季可以利用设施扦插育苗。

5.2.1.2 插条准备

在优良品种的母树上,剪下 0.5 cm～0.8 cm 粗的枝条,截成 13 cm 的插穗,每 100 根 1 捆。将成捆的插穗下端 5 cm 放入 150 mg/L 吲哚乙酸(IAA)水溶液或 ABT 生根粉(说明书中浓度)溶液中浸泡4 h。

5.2.1.3 扦插方法

按 50 cm 行距开沟,沟深 12 cm,将插条按 8 cm 株距摆在沟壁一侧,覆湿润土踏实,插条上端露出地面约 1 cm,插后覆地膜。

5.2.1.4 苗圃管理

覆盖地膜的硬枝插条 60%发芽后及时揭膜放苗。待新枝生长到 20 cm 以上时可顺扦插行灌第 1水。在苗高生长达到 30 cm～40 cm 时,要在苗行间开沟施入磷酸二铵,30 kg/667 m²,封沟灌水。采用3%吡虫啉 2 000 倍液或 1.5%苦参素 1 000 倍液苗圃内喷雾防治蚜虫;发生蝼蛄或蛴螬等地下害虫咬食幼根时,采用 50％辛硫磷 1 kg 加 50 kg 炒香的麦麸皮拌匀,撒在苗根颈处诱杀成虫。

5.2.2 嫩枝扦插

5.2.2.1 扦插时间

利用设施温棚一年四季均可进行。

5.2.2.2 插穗准备

采集半木质化枝条,剪成 6 cm 长插穗,上端至少留 2 片叶。

5.2.2.3 扦插方法

配制含萘乙酸(NAA)250 mg/L、吲哚丁酸(IBA)150 mg/L 的水溶液,并用滑石粉调成糊状,插穗下端 1.0 cm～1.5 cm 速蘸药糊后按 5 cm×10 cm 株行距扦插。苗床提前用做好的 5 cm×10 cm 株行距的钉板打好孔,插条插入孔内,用手指按实。整床插完后喷水,遮荫,拱棚内自然光透光率为 30％左右,相对湿度 80％以上,最高温度控制在 35 ℃以下。

5.2.2.4 苗床管理

插后全棚喷完当天最后 1 次水后喷洒杀菌剂灭菌,15 d 内每天喷雾状水 4 次～5 次,每次喷水量以叶片湿润为准,阴雨天减少喷水次数和喷水量。视情况进行全棚检查喷洒杀菌剂。15 d 后喷水次数可以减少,生根率达到 80％后开始通风,并逐渐延长通风时间,增加光照时间。

5.3 苗木出圃

5.3.1 出圃时间

春季出圃时间在苗木萌芽前,秋季在落叶后至土壤封冻前。

5.3.2 苗木分级

5.3.2.1 硬枝扦插苗

按 DB64/T 676—2010 的规定进行。

5.3.2.2 嫩枝扦插苗

5.3.2.2.1 一级:株高≥60 cm,地径≥0.4 cm,根幅≥20 cm,长度大于 5 cm 侧根条数≥6 条。
5.3.2.2.2 二级:株高≥50 cm,0.3 cm≤地径<0.4 cm,根幅≥15 cm,长度大于 5 cm 侧根条数≥4 条。

5.3.3 假植

苗木起挖后,如暂不定植或外运,应及时选地势高、排水良好、背风的地方假植。假植时应掌握苗头向南,疏摆,分层,培湿土,踏实。

5.3.4 包装和运输

长途运输的苗木要用草袋包装,保持根部湿润,并用标签注明品种名称、起苗时间、等级、数量。

6 建园

6.1 园地选择

选择地势平坦,有排灌条件,地下水位 100 cm～150 cm,土壤较肥沃的沙壤、轻壤或中壤;土壤含盐量 0.5%以下,pH 值 7.0～8.5。

6.2 园地规划

集中连片,规模种植,也可因地制宜分散种植,园地应远离交通干道 100 m 以上。

6.2.1 设置沟、渠、路、林

沟、渠、路、林配套,便于排灌、机械化作业。

6.2.2 整地开沟

先进行平整土地,平整高差在 5 cm 以内,深耕 25 cm。使用大型机械按行距开定植沟,沟宽 40 cm,深 40 cm,沟底施肥,每 667 m² 施腐熟的有机肥 3 m³～4 m³,复合肥 100 kg。

6.3 栽植

6.3.1 栽植时间

3 月下旬至 4 月上旬土壤解冻 30cm 以上时栽植,应边栽苗边灌水,保证苗木的成活率。

6.3.2 栽植密度

株行距 1 m×3 m,每 667 m² 栽植 222 株。

6.3.3 栽植方法

苗木定植前根部用 100 mg/L 萘乙酸(NAA)水溶液沾根 5 s 后,按株距在沟内定植,定植好后将沟填平并及时灌水。

6.4 定干修剪

栽植的苗木萌芽后,将主干根颈以上 40 cm 以下的芽、枝抹去,40 cm 以上选留生长不同方向并有 3 cm～5 cm 间距的侧芽或侧枝 3 条～5 条作为形成小树冠的骨干枝,于株高 60 cm 处剪顶定干,设杆绑缚扶正。6 月～7 月待新枝长到 20 cm～30 cm 时,及时打顶,促发 2 次枝,8 月～9 月即可结果。

7 土肥水管理

7.1 土壤耕作

7.1.1 春季浅耕

3 月下旬,行间浅耕 10 cm,将在土内羽化的成虫翻到地面晒死,清除杂草,同时提高地温和松土保墒,促进根系早生长。

7.1.2 夏季中耕

夏季每月中耕 1 次,行间用农机旋耕,树冠下用锄头或铁锨铲除杂草,并扶土于根颈处,不要碰伤树

干和根颈。

7.1.3 秋季深耕

秋季深耕 20 cm～25 cm，树冠下浅耕 15 cm 左右，不要碰伤根颈。

7.2 土壤培肥

7.2.1 施肥原则

依据产量进行营养平衡施肥。

7.2.2 施肥方法和数量

7.2.2.1 基肥

7.2.2.1.1 施肥时间

10 月中旬至 11 月上旬灌冬水前。

7.2.2.1.2 施肥方法

沿树冠外缘下方开半环状或条状施肥沟，沟深 20 cm～30 cm。成年树每 667 m² 施优质腐熟的农家肥 2 000 kg～3 000 kg，并施入多元素复合肥 100 kg，1 年～3 年幼树施肥量为成年树的 1/3～1/2。

7.2.2.2 追肥

7.2.2.2.1 土壤追肥

施肥量按产量进行控制，按每千克枸杞干果施入纯氮 0.3 kg、纯磷 0.2 kg、纯钾 0.12 kg 确定化肥施用量。4 月中下旬，以氮、磷肥为主，约占追肥总量的 50％，6 月中下旬以磷钾肥为主，约占追肥总量的 30％，8 月下旬以氮磷为主。约占追肥总量的 20％。

7.2.2.2.2 叶面喷肥

于 5 月～8 月中，每半月喷施 1 次枸杞叶面肥，时间在晴天傍晚，用量依照说明使用。

7.3 水分管理

7.3.1 灌水时期

采果前 20 d～25 d 灌 1 次，采果期 15 d～20 d 灌 1 次。

7.3.2 灌水方法

采用节水灌溉方法，缺水地区采用滴灌，其他地区采用沟灌。

7.3.3 灌水量

每 667 m² 全年滴灌 120 m³，沟灌 350 m³。

8 树体管理

8.1 适宜树形

自然半圆形：主干高 60 cm，树冠直径较大，基层有主枝 3 个～5 个，整个树冠由两层一顶组成。下层冠幅 200 cm 左右,上层冠幅 150 cm 左右,树高 160 cm 左右,树冠成半圆形。

8.2 树形培养

自然半圆形:第 1 年于苗高 60 cm 处剪顶定干,在其顶部选留 3 个~5 个分枝作主枝,第 2 年~第 3 年培养基层树冠,第 4 年放顶成形。

8.3 整形修剪

8.3.1 休眠期修剪

2 月~3 月份进行休眠期修剪,剪除植株萌蘖、徒长枝以及细、弱、老化的结果枝,短截树冠层中上部直立、斜生的中间枝,留下孤垂、顺直、粗壮的新结果枝。

8.3.2 春季修剪

以抹芽为主,抹去植株上无用的萌芽,剪除干枯枝。

8.3.3 夏季修剪

5 月~6 月每 10 d~15 d 剪除 1 次树体上萌发的徒长枝,同时将树冠中上部萌发的中间枝于枝长 20 cm~25 cm 处打顶或短截,促发 2 次枝结果。一般树冠中部的中间枝留枝长度为 25 cm 左右,树冠上部留枝长 20 cm 左右。

9 病虫害防控

9.1 加强病虫害预测预报

按 DB64/T 852—2013 的规定进行。

9.2 病虫害防治方法

按 DB64/T 850—2013 和 DB64/T 851—2013 的规定进行。

10 鲜果采收

10.1 采果时期

初期 6 月中旬至 7 月初;盛期 7 月上旬至 8 月上旬;秋果期 9 月下旬至 10 月下旬。

10.2 间隔时间

初期 7 d~9 d 一蓬;盛期 5 d~6 d 一蓬;秋果期 10 d~12 d 一蓬。

10.3 采果要求

鲜果成熟 8 成至 9 成(红色),轻采、轻拿、轻放,树上采净、地下拣净,果筐容量为 10 kg 左右。下雨天或刚下过雨不采摘,早晨待露水干后再采摘,喷洒农药不到安全间隔期不采摘。

11 鲜果制干

11.1 脱蜡

将采回的鲜果在油脂冷浸液或 3‰ 的碳酸钠水溶液中浸泡 30 s 左右,提起控干后,倒入制干用的果栈上,均匀地铺平,厚度 2 cm～3 cm。

11.2 制干

枸杞制干分自然干燥和烘干两种。

11.2.1 自然干燥法

将经过脱蜡处理铺在果栈上的鲜果,在专用晾晒场上,放在自然光下进行干燥。在果实干燥未达到指标前,不能随便翻动果实,遇降雨要及时防雨,切忌淋雨。自然干燥一般需 4 d～6 d。

11.2.2 烘干

分太阳能烘干、温棚烘干、热风炉烘干等方式,将经过脱蜡处理铺在果栈上的鲜果放进烘干室,温度控制指标为:进风口 60 ℃～65 ℃,出风口 40 ℃～45 ℃,经 24 h～50 h 可烘干枸杞,含水量在 13‰ 以下。干燥后的果实,经脱柄去杂、包装贮存。

ICS 65.020.20
B 05

DB64

宁 夏 回 族 自 治 区 地 方 标 准

DB64/T 1005—2014

宁杞6号枸杞栽培技术规程

Technical regulation of Lycium cultivation for 'Ningqi-6'

2014-09-25 发布

2014-09-25 实施

宁夏回族自治区质量技术监督局　发 布

前　言

本标准按照 GB/T 1.1—2009 给出的规则起草。

本标准由宁夏回族自治区林业厅提出并归口

本标准起草单位：宁夏林业研究所股份有限公司、国家林业局枸杞工程技术研究中心、西北特色经济林栽培与利用国家地方联合工程研究中心。

本标准主要起草人：王锦秀、南雄雄、常红宇、王昊、邵千顺、李永华、沈效东、秦彬彬。

宁杞 6 号枸杞栽培技术规程

1 范围

本标准规定了宁杞 6 号的品种特征与特性、产地环境条件、苗木繁育、建园、整形修剪、中耕除草、灌水、施肥、病虫害防治和鲜果采摘。

本标准适用于宁杞 6 号的栽培与管理。

2 规范性引用文件

下列文件对于本文件的应用是必不可少的。凡是注日期的引用文件，仅注日期的版本适用于本文件。凡是不注日期的引用文件，其最新版本（包括所有的修改单）适用于本文件。

GB/T 19116—2003 枸杞栽培技术规程
DB64/T 676—2010 枸杞苗木质量
DB64/T 850—2013 枸杞病害防治技术规程
DB64/T 851—2013 枸杞虫害防控技术规程
DB64/T 852—2013 枸杞病虫害监测预报技术规程

3 术语与定义

下列术语与定义适用于本文件。

3.1

鲜食枸杞
采摘后直接食用的枸杞果。

4 品种特征与特性

4.1 形态特征

宁杞 6 号，落叶灌木，人工栽培形成 1.6 m～1.8 m 高的灌木状，茎直立，灰褐色，上部多分枝形成伞状树冠。

4.1.1 枝：枝条生长势强，较直立，成枝力 4.2。

4.1.2 叶：叶片展开呈宽长条形，叶片碧绿，叶脉清晰，幼叶片两边对称，卷曲呈水槽状，老叶呈不规则翻卷。

4.1.3 花：合瓣花。花瓣及喉部紫红色，雄蕊 5，稀 4 或 6，花药黄白色，雌蕊 1，雌蕊显著低于雄蕊，花开后雌蕊向两侧程不规则弯曲。

4.1.4 果：幼果细长稍弯曲，萼片单裂，个别在尖端有浅裂痕，果长大后渐直，成熟后呈长矩型，先端钝尖。果型指数 1.88。

4.2 品种特性

4.2.1 生长特性

物候期比宁杞 1 号提前 5 d～7 d。树体营养生长旺盛,抽枝力强,徒长枝、强壮中间枝经短截后抽出的二次枝多直立,需经二次打顶才能开花结果。

4.2.2 结果习性

异花授粉为主,种植需配植授粉树。老眼枝结果量较宁杞 1 号大,每节间 3 个～7 个花果簇生于叶腋;七寸枝花果量较宁杞 1 号稀疏,每节 1 朵～2 朵花,稀 3 朵。

4.2.3 果实特征

果粒大,平均纵径 22.0 mm,横径 9.3 mm,果肉厚 2.36 mm,含籽量 18 粒～25 粒,果味甘甜,适宜鲜食,果实鲜干比 4.3～4.7。

5 产地环境条件

参照 GB/T 19116—2003 规定执行。

6 苗木繁育

参照 GB/T 19116—2003 规定执行。

7 建园

7.1 园地选择

选择道路畅通,排灌方便。土壤要求肥沃的轻壤或中壤土,土壤有机质含量达到 1.0% 以上,全盐含量 0.5% 以下,土壤地下水位低于 1.2 m。

7.2 园地规划

7.2.1 定植模式

人工作业,株行距 1 m×2 m,每 667 m² 定植 333 株;机械作业,株行距 1 m×3 m,每 667 m² 定植 222 株。定植穴规格长×宽×深为 50 cm×50 cm×60 cm。

7.2.2 基肥材料

经过粉碎的植物秸秆、耙碎的厩肥、土壤表土。按照体积比 1∶2∶1 进行混配作为基肥材料,每立方米材料中均匀加入尿素 1 kg 与基肥材料混匀。

7.2.3 施入方法及用量

将上述材料混合均匀后填入定植穴,每穴施入 0.02 m³,依据不同株行距 1.0 m×3.0 m 或 1.0 m×2.0 m,每 667 m² 用量 5 m³～7 m³,定植穴上部用表土填至与地面相平,灌水使定植穴充分沉降。

7.3 苗木定植

7.3.1 苗木标准

按 DB64/T 676—2010 枸杞苗木质量标准规定选择一、二级苗木。

7.3.2 授粉树配置

按照宁杞 1 号：宁杞 6 号为 1：2 的比例进行间配植。

7.3.3 定植方法

严格按照 GB/T 19116—2003 相关规定执行。

8 整形修剪

8.1 树形

圆锥形(塔形)树型。树冠成圆锥形,分布成 3 层～4 层,有主枝 12 个～16 个,成龄树高控制在 1.6 m～1.8 m,下层冠幅直径 100 cm～120 cm。

8.2 幼龄树(1 年～3 年)整形

8.2.1 一龄树苗木整形

8.2.1.1 定干:苗木定植成活后,于 65 cm～70 cm 高处剪顶定干,剪口下 20 cm 作为第一层主枝分布带,选留方向不同的侧枝 3 个～4 个作为第一层骨干枝,其余枝条全部去除。当侧枝生长至 20 cm～25 cm时封顶,促发二次侧枝。

8.2.1.2 抹芽:每一骨干枝短截后抽出 4 个～7 个二次枝,选择保留 4 个～6 个,其余的疏除;直立向上的枝条,主干上、根茎处所萌发枝条全部去除,7 天～10 天抹芽一次。

8.2.1.3 放顶:宁杞 6 号营养生长旺盛,下半年主干地径粗达到 1.5 cm～2 cm 以上时,可选择主干上或靠近主干生长的直立徒长枝于 25 cm～30 cm 处剪顶促发侧枝,选留 3 个～4 个分枝,培养第 2 层树冠,其余的全部去除。

8.2.2 二龄树苗木整形

8.2.2.1 休眠期整形修剪

宁杞 6 号老眼枝结果能力强,对第一层树冠上较长的老眼枝组适当回缩,控制树冠冠幅在 50 cm～60 cm,疏除过密枝、弱枝,其余枝条长放结果。对第二层树冠的预留骨干枝在 10 cm～15 cm 处短截。

8.2.2.2 夏季修剪

8.2.2.2.1 抹芽:抹除根茎、主干、骨干枝基部 5 cm～10 cm 以内新萌发的枝条;宁杞 6 号成枝力强,对萌发的徒长枝、强壮二次枝除补空或培养结果枝组外全部去除;保留老眼枝上萌发的新生结果枝。

8.2.2.2.2 放顶:对一龄期尚未形成第二层树冠的树体,采用主干上或近主干部位当年萌发的直立徒长枝,于 25 cm～30 cm 剪顶促发侧枝,选取顶部 3 个～4 个侧枝形成第二层树冠,培养方法与第一层树冠相同。对一龄期已形成二层树冠的植株,6 月份之前的夏季修剪过程中要注重顶端优势的控制,及时抹除顶端徒长枝或强壮枝,重点稳固第一、二层树冠,培养结果枝组,下半年再根据长势决定是否放顶形成第三层树冠。

8.2.3 三龄期苗木整形

8.2.3.1 休眠期苗木整形:对第一、二层树冠空缺、偏冠部位采用徒长枝或二次枝短截补空,短截长度一般在 15 cm～20 cm,发芽后选择一枝强壮枝条 5 cm～10 cm 打顶促发侧枝,对发出的侧枝保留3条～4条,其余的全部注疏除;根据宁杞6号老眼枝发枝、结果特性,修剪过程中注意重疏除,不短截。冠幅控制在 70 cm～90 cm。

8.2.3.2 夏季修剪:抹芽同二龄期枸杞夏季修剪;放顶形成第三层树冠。

8.3 成龄树枸杞修剪

主要是巩固树形,控制顶端优势,不断更新结果枝,达到树体圆满,结果枝适中。控制树高1.6 m～1.8 m,冠幅 100 cm～120 cm。

8.3.1 休眠期枸杞修剪

修剪原则和顺序 GB/T 19116—2003 相关规定执行。休眠期修剪主要是控制顶端优势,对树冠上部的徒长枝、强壮二次枝及树冠下部的弱枝、病枝进行疏除,结果枝一般不进行重短截。

8.3.2 夏季修剪

萌芽后,每 10 天～15 天抹芽一次,及时清除根茎、主干、骨干枝基部、膛内、冠顶萌发的枝条;对缺冠、新生枝少的部位萌发的强壮枝及时打顶促发侧枝,保留枝条长度 15 cm～20 cm,可萌发 5 个～7 个新枝,依据树冠枝条密度疏除过密枝条,保留 3 个～5 个新枝,增加树体通风透光能力。

9 中耕除草

参照 GB/T 19116—2003 相关规定执行。机械作业时不挂伤树冠,伤及主干与根茎。

10 灌水

参照 GB/T 19116—2003 相关规定执行。

11 施肥

参照 GB/T 19116—2003 相关规定执行。

12 病虫害防治

12.1 主要病虫害

枸杞蚜虫、枸杞木虱、枸杞瘿螨、枸杞红瘿蚊、枸杞负泥虫、枸杞实蝇、枸杞黑果病(炭疽病)。

12.2 病虫害检测预报

按 DB64/T 852—2013 执行。

12.3 病虫害防治方法

按 DB64/T 850—2013、DB64/T 851—2013 相关规定执行。

13 鲜果采摘

13.1 采摘标准

果表光滑呈红色即可采摘,6 月中下旬,间隔 7 d～9 d 采摘一次;7 月至 8 月,间隔 5 d～6 d 采摘一次;9 月至 10 月,间隔 9 d～11 d 采摘一次。

13.2 采摘时间

早晨 6 时—9 时,下午 17 时以后采摘,炎热天、雨后不宜采收。

13.3 采摘方法

带果柄采收,轻采轻放,避免损伤。果筐盛果厚度≤10 cm 为宜。采收后果实置于阴凉处,尽快转运到贮藏车间进行处理。

ICS 65.020.20
B 05

DB64

宁 夏 回 族 自 治 区 地 方 标 准

DB64/T 1074—2015

中部干旱带枸杞栽培技术规程

Technical regulation of Lycium cultivation in the middle arid zone

2015-07-15 发布

2015-07-15 实施

宁夏回族自治区质量技术监督局　发 布

前　言

本标准按照 GB/T 1.1—2009 给出的规则起草。

本标准由中宁县枸杞产业发展服务局提出。

本标准由宁夏回族自治区林业厅归口。

本标准起草单位：中宁县枸杞产业发展服务局。

本标准起草人：何月红、刘娟、王少东、井辉隶、陈清平、祁慧东、谢施祎、田学霞、江帆、曾乐、张秀萍。

中部干旱带枸杞栽培技术规程

1 范围

本标准规定了中部干旱带枸杞栽培技术的园址选择、园区规划、品种选择与苗木选择、栽培技术、病虫害防控、鲜果采收、鲜果制干、技术档案。

本标准适用于宁夏中部干旱带枸杞栽培。

2 规范性引用文件

下列文件对于本文件的应用是必不可少的。凡是注日期的引用文件,仅注日期的版本适用于本文件。凡是不注日期的引用文件,其最新版本(包括所有的修改单)适用于本文件。

GB/T 19116—2003 枸杞栽培技术规程
DB64/T 940—2013 宁夏枸杞栽培技术规程
DB64/T 676—2010 枸杞苗木质量
DB64/T 852—2013 枸杞病虫害监测预报技术规程
DB64/T 850—2013 枸杞病害防控技术规程
DB64/T 851—2013 枸杞害虫防控技术规程
DB64/T 546—2009 中宁枸杞分级包装标志

3 园址选择

选择地形坡度≤15°的山地,有效活土层厚度≥50 cm,土壤质地以沙壤、轻壤或中壤土地为宜,土壤全盐含量≤5 g/kg,pH 值 7~8.5,光照充足,热量丰富,昼夜温差大,灾害性季风少的中部干旱带。

4 园区规划

4.1 道路设置

园区内合理建设主干道、机耕路和生产路,枸杞行向设置与生产路垂直。

4.2 防护林设置

园区内主干路两侧应设置 3 行以上的乔木树种,行间混交小灌木或种植牧草。

4.3 灌溉设施建设

4.3.1 滴灌系统

滴灌系统由首部枢纽(水泵、过滤器、施肥装置、控制装置等)、干管、分干管、支管、毛管、电磁阀、铜闸阀、压力表、水表、灌水器等组成。

4.3.2 滴灌设施铺设

由铜闸阀来调整压力,由电磁阀来控制系统灌溉。通过地面出水管和给水阀门与地下管网连接,干管和分干管采用U—PVC材料,深埋至冻土层 1.2 m 以下。在田间出水阀门后连接地面支管,支管采用 PE 管,埋至冻土层 1.2 m 以下。毛管采用压力补偿式滴灌管(带),滴灌管(带)安装在地面支管上。滴灌管(带)铺设长度一般为 50 m～80 m,其中顺坡为 70 m～80 m,逆坡为 50 m～60 m。滴灌管(带)铺设在靠近枸杞树根际并与枸杞茨行平行,滴灌管(带)上每间距 50 cm 安装一个滴头,或者按照枸杞株距,在每株枸杞树下安装直径约 10 mm 毛管,最终通过滴头或毛管的孔口将水和液体肥料小流量、长时间、高频率地供应到枸杞根系进行局部灌溉。在灌溉时根据枸杞基地面积大小,按 10 hm²～15 hm² 一个灌溉区域,将枸杞作业区分为若干个灌溉小区,实行分区轮灌。

4.4 整地培肥

按 DB64/T 940—2013 中 6.2.2 的规定执行。

5 品种选择及苗木选择

5.1 品种选择

以宁杞 1 号、宁杞 4 号、宁杞 7 号及宁农杞 9 号为主栽品种。

5.2 苗木选择

所有栽植枸杞苗木应采取硬枝扦插、嫩枝扦插或组织培养等无性繁殖方法,不应采用种子繁育成品苗。硬枝扦插苗木选择 DB64/T 676—2010 规定的特级、一级种苗;嫩枝扦插苗木选择 DB64/T 940—2013 的特级、一级种苗。

6 栽培技术

6.1 定植时间

以春栽、夏栽为主。春栽时间:3 月 20 日—4 月 15 日;夏栽时间:6 月上旬至 7 月上旬,以营养钵枸杞苗带土栽植。

6.2 定植密度

株行距 1 m×3 m,每 667 m² 栽植 222 株。

6.3 栽植方法

土壤质地比较坚硬的山地按规划株行距,采用机械开定植沟,栽植时在沟内挖定植穴,规格 40 cm×40 cm×40 cm(长×宽×深),沙壤土或轻壤土采用打坑机挖定植穴,规格 50 cm×50 cm×50 cm(长×宽×深),每穴内施入腐熟有机肥 2 kg～3 kg,加复合肥 100 g 掺土拌匀,在施肥层上盖表土 10 cm,然后将种苗放入栽植穴内,填湿土,提苗踏实后再填土,至苗木基茎(即枸杞苗原土印处),再踏实覆土略低于地面,边栽苗边灌水,灌水扶苗后铺地膜保墒。

6.4 幼龄期栽培技术(1—4 年)

6.4.1 树体管理

选择培养疏散分层型树形。第 1 年剪顶定干,培养主干和主侧枝;第 2 年～第 3 年培养基层和中层,第 4 年放顶成形。

6.4.2 幼龄期基肥施入

6.4.2.1 施肥时间

秋施或春施均可。秋施基肥于灌冬水前 10 月中旬至 10 月下旬进行,春施基肥于 4 月中下旬进行。

6.4.2.2 肥料种类

以沤制的鸡粪或猪粪的沼液或商品有机肥为主,经过沉淀过滤后,搭配一定量的氮、磷、钾肥,适量补充中、微量元素肥料。

6.4.2.3 肥料用量

施肥量随着树龄逐年增加。一般鸡粪或猪粪 100 kg/667 m² ～ 300 kg/667 m² ＋ 水溶性复合肥 30 kg/667 m² ～ 60 kg/667 m²。

6.4.2.4 施肥方法

实施水肥一体化施肥技术。每个灌溉小区先进行清水滴灌 0.5 h～1 h,后随水灌溉肥液 5 h～6 h,最后再进行清水滴灌 0.5 h～1 h。

6.4.3 幼龄期追肥

6.4.3.1 肥料种类

氨基酸、尿素、磷酸一氨(全溶性)、磷酸二氢钾、硫酸钾、黄腐酸钾。

6.4.3.2 肥料数量

按照枸杞需肥规律,施肥量应根据树龄大小、结果量多少进行追肥。全年追肥 5 次～6 次。其中 5 月下旬至 6 月上旬,每 10 天一次;7 月上旬至 7 月中旬每 10 天一次;8 月下旬至 9 月上旬根据秋果结果情况施肥 1 次～2 次。按照氮∶磷∶钾＝1.5∶1∶1 的比例关系,全年追肥量按纯氮、五氧化二磷、氧化钾计算,推荐用量 20 kg/667 m² ～50 kg/667 m²。

6.4.3.3 施肥方法

实施水肥一体化追肥技术。应用节水滴灌设备,通过增压泵将水溶性肥料溶解后通过增压泵注入滴灌系统,随水滴入枸杞根际。每个灌溉小区先进行清水滴灌 0.5 h～1 h,后随水灌溉肥液 5 h～6 h,最后再进行清水滴灌 0.5 h～1 h。

6.4.4 叶面追肥

按 DB64/T 940—2013 的规定执行。

6.4.5 灌水

全年滴灌 8 次～10 次,每次 7 h～8 h,灌水量 180 m³/(667 m² · a)～200 m³/(667 m² · a)。

6.4.6 中耕除草

中耕除草按 DB64/T 940—2013 的规定执行。

6.5 成龄期管理技术

6.5.1 修剪

按 GB/T 19116—2003 的规定执行。

6.5.2 土壤耕作

按 DB64/T 940—2013 的规定执行。

6.5.3 施肥

6.5.3.1 基肥施入

于当年的 10 月中旬～10 月下旬,参照幼龄枸杞基肥施肥方法,每 667 m² 施入腐熟的鸡粪或猪粪 300 kg～400 kg+水溶性复合肥 60 kg～80 kg。

6.5.3.2 地面追肥

参照幼龄枸杞地面追肥的时间,氮、磷、钾的施肥比例关系,根据每年的结果量,全年每 667 m² 施纯氮、五氧化二磷、氯化钾 60 kg～70 kg。

6.5.3.3 叶面追肥

在 6、7 月份果实膨大成熟期采用氨基酸叶面肥或其他种类的多元素微肥,每 667 m² 按 0.2 kg 的量进行叶面喷雾。

6.5.4 灌水

全年度滴灌 9 次～11 次,灌水量 220 m³/(667 m² · a)～225 m³/(667 m² · a),生育期保持每 15 d 一次。

7 病虫害防控

7.1 防治对象

7.1.1 枸杞主要虫害

枸杞蚜虫、木虱、负泥虫、红瘿蚊、瘿螨、锈螨、枸杞蓟马、食蝇等。

7.1.2 枸杞主要病害

枸杞黑果病、枸杞白粉病、枸杞根腐病等。

7.2 防控方法

建立枸杞病虫害预测预报体系,应用高效、低毒、低残留农药,采取农业、生物、物理与化学防治方法相结合的综合防控办法。

7.3 监测预报

按照 DB64/T 852—2013 规定执行,确定病虫害关键防治期。

7.4 防治办法

按照 DB64/T 851—2013、DB64/T 850—2013、DB64/T 853—2013 的规定执行。

8 鲜果采收

按 DB64/T 940—2013 的规定执行。

9 鲜果制干

9.1 制干方法

按 DB64/T 940—2013 的规定执行。

9.2 干燥指标

果实含水量13%以下。

9.3 干果装袋

干燥后的果实经脱去果柄、去除杂物后，装入内衬食品塑料袋的枸杞专用编制袋内，以备分级加工。

10 技术档案

记载栽培品种、育苗方法、时间、数量，建园地点、土壤水文资料、规划设计、技术操作规程、产量、物候变化，每年技术总结、各种资料数据和产品分析资料，分年度立卷入档。

ICS 65.020.20
B 05

DB64

宁 夏 回 族 自 治 区 地 方 标 准

DB64/T 1141—2015

枸杞促早栽培技术规程

Technical regulations for promote early cultivation on *Lycium barbarum* L.

2015-11-30 发布
2015-11-30 实施

宁夏回族自治区质量技术监督局　发 布

前 言

本标准按照 GB/T 1.1—2009 给出的规则起草。

本标准由宁夏农林科学院提出。

本标准由宁夏回族自治区林业厅归口。

本标准起草单位：宁夏枸杞工程技术研究中心。

本标准主要起草人：戴国礼、曹有龙、秦垦、焦恩宁、石志刚、闫亚美、张波、周旋、巫鹏举、何军、安巍、陈清平、李云翔、刘俭、刘娟、夏道芳。

枸杞促早栽培技术规程

1 范围

本标准规定了枸杞促早栽培技术的日光温室建造、定植、夏季管理、秋冬季管理、果期管理、主要病虫害防治、采收与采后管理。

本标准适用于枸杞促早栽培和管理。

2 规范性引用文件

下列文件对于本文件的应用是必不可少的。凡是注日期的引用文件,仅注日期的版本适用于本文件。凡是不注日期的引用文件,其最新版本(包括所有的修改单)适用于本文件。

GB/T 18672—2014 枸杞(枸杞子)国家标准

GB/T 19116—2014 枸杞栽培技术规程

NY/T 5249—2004 无公害食品枸杞生产技术规程

DB64/T 539—2009 NKWS Ⅲ大跨度温室设计建造技术规程

DB64/T 676—2010 枸杞苗木质量

DB64/T 772—2012 宁杞 7 号枸杞栽培技术规程

3 日光温室建造

按照 DB64/T 539—2009 规定的执行。

4 定植

4.1 品种选择

以宁杞 1 号、宁杞 4 号、宁杞 7 号为宜。

4.2 定植株行距

以 0.6 m×2.0 m～1.0 m×2.0 m 为宜。

4.3 种苗质量

按照 DB64/T 676—2010 规定的特、1 级种苗。

5 夏季管理

宁杞 1 号、宁杞 4 号夏季管理按照 GB/T 19116—2014 中第 8 章、第 9 章、第 10 章规定的方法执行;宁杞 7 号夏季管理按照 DB64/T 772—2012 中第 8 章、第 9 章、第 10 章规定的方法执行。

6 秋冬季管理

6.1 强制提前休眠

6.1.1 整形修剪

于 8 月初进行整形修剪,宁杞 1 号、宁杞 4 号主要以疏除徒长枝为主,宁杞 7 号对当年生结果枝条进行短截。

6.1.2 水肥管理

株施有机肥 2.5 kg,尿素 0.1 kg,磷酸一铵 0.2 kg。每 15 d~20 d 灌水一次(有机肥:腐熟牛、羊、鸡粪见附录 A 的 A.1)。

6.1.3 人工预冷强制休眠

按照夜间平均气温≤7 ℃为起始点(宁夏地区为 10 月 20 日—30 日),冷处理时间 15 d~20 d,主要采用白天扣棚遮荫降温,夜间揭棚通风,强迫枸杞提早休眠。

6.2 升温期(11 月~12 月)管理

6.2.1 扣棚

11 月初开始上膜,选用防露棚膜。

6.2.2 覆膜

完成休眠后,在棚内每行树下覆盖宽 60.0 cm 的白塑料薄膜。

6.2.3 温、湿度的调控

完成休眠后,第 1 周室温应控制在 5 ℃~15 ℃,第 2 周 8 ℃~20 ℃,第 3 周以后 10 ℃~23 ℃。第 3 周最高温度不能超过 23 ℃。

6.2.4 水分管理

枸杞从 11 月初扣棚到开始萌芽需要 28 d~30 d。每 15 d~20 d 灌水一次,灌水量 40 m³/667 m²~60 m³/667 m²。

6.3 新梢管理

萌芽后及时抹芽,新梢长到 20 cm 左右时开始对直立新梢扭梢、摘心等加以控制。

6.3 花期(11 月~12 月)管理

6.3.1 花前灌水、施肥

枸杞花蕾期,灌水 1 次,株施尿素 0.2 kg。花后 2 周,喷 0.2%~0.3%磷酸二氢钾溶液,7 d~10 d 1 次。

6.3.2 悬挂反光膜

枸杞花后要及时张挂反光膜。在温室后墙的顶端横拉一铁丝,将两幅 1.0 m 宽的聚酯镀铝膜用宽胶带粘成 2.0 m 宽的幕布,与温室等长,然后把幕布悬挂在铁丝上,下端用细绳拉直固定。

6.3.3 温湿度的调控

枸杞花期适宜温度为 21 ℃～25 ℃,室内气温最高不能超过 28 ℃,夜间最低气温不能低于 8 ℃。相对湿度应保持在 70.0%～80.0%。

6.3.4 虫媒授粉

枸杞温室栽培花期授粉采取虫媒授粉法,放置蜂箱 1 个/667 m² (蜜蜂 3 批,每批 2 000 头),置于温棚中间,距地表 60 cm 处。

7 果期管理

进入幼果期喷 0.2%～0.3%尿素加 0.2%～0.3%磷酸二氢钾溶液,7 d～10 d 1 次,连喷 2 次～3 次,每隔 15 d 灌水 1 次。果实膨大期主要以根外追施磷、钾肥为主,按照 GB/T 19116—2014 中第 9 章规定执行。

8 主要病虫害防治

虫害以悬挂黄板、蓝板物理诱杀为主,化学防治为辅。其他主要病害防治方法按照 GB/T 19116—2014、DB64/T 772—2012 中第 10 章的规定执行,主要病虫害防治建议使用生物药剂见 A.2。

9 采收与采后管理

9.1 采收

果实变色后 1 d～2 d、8 成至 9 成熟、果实橙红色时进行。采摘时需带果柄。

9.2 采后管理

果实采收完,于 5 月前撤棚,进行清园、施肥、修剪。

附 录 A

（资料性附录）

主要厩肥（畜禽粪便干基）的养分含量

A.1 主要厩肥（畜禽粪便干基）的养分含量见表 A.1。

表 A.1 主要厩肥（畜禽粪便干基）的养分含量

粪便种类	畜禽粪便干基的养分含量/%		
	氮	磷	钾
猪粪	1.0	0.9	1.12
牛粪	0.8	0.43	0.95
羊粪	1.2	0.5	1.32
鸡粪	1.6	0.93	1.61
注：以上数据均为处理后的畜禽粪便养分含量。由于各地喂养的饲料不同，其畜禽粪便的养分含量也有不同，上述数据仅供参考，应以当地实测数据为准。			

A.2 主要病虫害防治建议使用药剂见表 A.2。

表 A.2 主要病虫害防治建议使用药剂

病虫害	生物药剂
枸杞蚜虫（*Aphis* sp.）	苦参碱、藜芦碱、印楝素、小檗碱烟碱、鱼藤酮
枸杞瘿螨（*Aceria palida* Keifer）	印楝素、苦参碱、藜芦碱、小檗碱
木虱（*Aceria palida* Keifer）	同蚜虫
蓟马（*Psilothrips indicus* Bhatti）	印楝素、斑蝥素
枸杞白粉病[*Arthrocladiella mougeotii*（Le'v.）Vassilk.]	硫磺·三唑酮

———————————

ICS 65.020.20
B 05

DB64

宁 夏 回 族 自 治 区 地 方 标 准

DB64/T 1204—2016

枸杞水肥一体化技术规程

Technical regulations of integrated management of water and fertilizer application for Lycium

2016-12-28 发布 2017-03-28 实施

宁夏回族自治区质量技术监督局 发 布

前　言

本标准按照 GB/T 1.1—2009 给出的规则起草。

本标准由宁夏农林科学院提出。

本标准由宁夏回族自治区林业厅归口。

本标准起草单位：宁夏农林科学院农业资源与环境研究所、宁夏大地生态有限公司。

本标准主要起草人：张学军、陈晓群、罗健航、张丽、李锋、邹文勇、刘晓彤、刘艳。

枸杞水肥一体化技术规程

1 范围

本标准规定了枸杞水肥一体化施肥技术的适用环境条件、水肥一体化技术及其他管理。

本标准适用于宁夏黄灌区枸杞滴灌生产,及黄河水经调蓄预沉池后的滴灌系统控制范围和机井滴灌系控制范围,其他地区参照执行。

2 规范性引用文件

下列文件对于本文件的应用是必不可少的。凡是注日期的引用文件,仅注日期的版本适用于本文件。凡是不注日期的引用文件,其最新版本(包括所有的修改单)适用于本文件。

GB 5084　农田灌溉水质标准

GB/T 19116—2003　枸杞栽培技术规程

GB/T 50363—2006　节水灌溉工程技术规程

GB/T 50485—2009　微灌规程技术规范

NY 5013　无公害食品林果类产品产地环境条件

NY/T 496—2010　肥料合理使用准则　通则

DB64/T 677—2010　清水河流域枸杞规范化种植技术规程

DB64/T 850—2013　枸杞病害防治技术规程

DB64/T 851—2013　枸杞虫害防治技术规程

3 术语和定义

下列术语和定义适用于本文件。

3.1

滴灌系统

由水源、首部枢纽、输配水管道、滴灌管或灌水器等组成的系统。

3.2

水肥一体化

借助压力灌溉系统,将可溶性固体或液体肥料,按土壤养分含量和作物种类的需肥规律和特点,配兑成的肥液与灌溉水一起,通过可控管道系统供水、供肥,使水肥相融后,通过管道和滴头形成滴灌、均匀、定时、定量,提供给作物根系发育生长区域。

4 适用环境条件

4.1 气候条件

年平均气温 5.6 ℃～12.6 ℃,大于或等于 10 ℃,有效积温 2 800 ℃～3 500 ℃左右;年日照时数 3 000 h 以上,年平均降雨量大于 185 mm。

4.2 土壤条件

适合于淡灰钙土、灌淤土、黑垆土。土质为轻壤土、壤土或砂壤土。土壤中各种污染物的含量符合 NY 5013 中 4.4 的规定。

4.3 水源与水质条件

符合 GB 5084 与 GB/T 50485—2009 中的有关规定。

4.4 枸杞栽植技术与灌溉技术条件

参照 GB/T 19116—2003 与 GB/T 50363—2006 执行。

5 水肥一体化技术

5.1 不同树龄枸杞总施肥量与目标产量

2～4 年幼龄枸杞树,整个枸杞周年 666.7 m^2 施纯氮 30 kg～35 kg,P_2O_5 20 kg～25 kg,K_2O 15 kg～20 kg,目标 666.7 m^2 产量 40 kg～125 kg;5 年以上成龄枸杞树,整个枸杞周年 666.7 m^2 施纯氮 40 kg～45 kg,P_2O_5 30 kg～35 kg,K_2O 20 kg～25 kg,目标 666.7 m^2 产量 175 kg～275 kg。

5.2 常用肥料

常用肥料包括:尿素(含氮 46%,溶解度 67%),磷肥为磷酸一铵(含氮 12% 、含 P_2O_5 61%),钾肥为农业用硫酸钾(K_2O≥51.0%,硫≥17.5%)。

5.3 滴肥措施

滴肥前要求先滴清水 15 min～20 min,然后开始滴肥,滴完肥后,再滴清水 30 min 清洗管道,防止堵塞滴头。

5.4 不同生长周期水肥施用原则与用量

5.4.1 春稍生长期(4 月下旬至 5 月上旬)

该生长期土壤较干(以手捏土壤呈散状,并有明显凉感为干),头水滴灌量为 40 m^3～60 m^3;之后在表层土壤稍润时(以手捏土壤,稍凉而不觉湿润为稍润)开始滴水,滴至土壤饱和为止(此时土壤含水率约为 35% 左右),滴灌次数 3 次～4 次,每次 666.7 m^2 滴灌量在 20 m^3～25 m^3;滴肥 1 次,施肥以氮肥为主(占总氮肥施用量 15%),磷肥为辅(占总磷肥施用量 9%),枸杞幼龄树与成龄树详细肥料用量见表 1 和表 2。

5.4.2 现蕾期～开花期(5 月中旬至 6 月中旬)

该生长期在表层土壤稍润(以手捏土壤稍凉而不觉湿润为稍润,土壤含水率约 20% 左右)时开始滴水,滴灌次数 3 次～4 次,每 666.7 m^2 滴灌量为 15 m^3～20 m^3,至 30 cm 深度土壤湿润(用手挤压土壤无水浸出,而有湿痕为湿润)时停止灌水;滴肥 3 次～4 次,施肥以磷钾肥为主(占总磷钾肥施用量 50%),氮肥为辅(占总氮肥施用量 43%),枸杞幼龄树与成龄树详细肥料用量见表 1 和表 2。

5.4.3 果熟期(6 月中旬至 7 月下旬)

该生长期在表层土壤稍润时开始灌水,滴灌次数 3 次～4 次,每 666.7 m^2 滴灌量为 10 m^3～15 m^3,

至 20 cm 深度土壤湿润时停止灌水;滴肥 2 次～3 次,施肥以磷钾肥为主(占总磷钾肥施用量 30%),氮肥为辅(占总氮肥施用量 28%),枸杞幼龄树与成龄树详细肥料用量见表 1 和表 2。

5.4.4 夏秋季休眠期(8 月上旬至 9 月上旬)

施肥由秋梢生长决定,若秋梢较多,可参考春梢阶段施肥技术施肥,具体施肥灌水见表 1 和表 2。

表 1 枸杞幼龄树水肥运筹实施方案

物候期	滴水次数	每次滴灌量/ (m³/666.7 m²)	滴肥次数	每次施肥量/(kg/666.7 m²)		
				尿素	一铵	单质硫酸钾
春梢生长期 4 月下旬至 5 月上旬	4～5	20～25	1	9～11	3～4	0
现蕾开花初期 5 月中旬至 6 月中旬	3～4	15～20	3～4	7～10	5～6	3～4
果熟期 6 月中旬至 7 月下旬	3～4	10～15	2～3	8～10	5～6	6～8
夏秋季休眠期 8 月上旬至 9 月上旬	2～3	15～20	1	8～9	3～4	0
累计施肥量	12～16	165～300	7～50	50～90	31～50	30～40

表 2 枸杞成龄树水肥运筹实施方案

物候期	灌水次数	滴灌量/ (m³/666.7 m²)	滴肥次数	每次施肥量/(kg/666.7 m²)		
				尿素	一铵	单质硫酸钾
春梢生长期 4 月下旬至 5 月上旬	4～5	20～25	1	12～14	4～6	0
现蕾开花初期 5 月中旬至 6 月中旬	3～4	15～20	3～4	6～9	6～7	6～7
果熟期 6 月中旬至 7 月下旬	3～4	10～15	2～3	8～10	7～9	6～7
夏秋季休眠期 8 月上旬至 9 月上旬	2～3	15～20	2～3	12～14	4～6	0
合　计	12～16	165～300	8～11	70～122	44～79	36～48

6 其他管理

6.1 病虫害防治技术

参照 DB64/T 850—2013、DB64/T 851—2013 规定执行。

6.2 滴灌设备运行和维护

6.2.1 过滤器清洗

当叠片式过滤器前后压力差≥0.04 MPa时,清洗过滤器。滤网式过滤器应于单次灌溉结束后及时冲洗。

6.2.2 设备维护

在灌溉前、灌溉中、灌溉后,定时检查首部系统、管路运行情况、确保灌溉过程中无意外漏水发生、滴头不滋水、不堵塞。如遇堵塞,将滴灌带尾头解开,放水冲洗。

6.2.3 设备存放

年度灌溉结束后,应将地面支管洗净卷好,置于干燥、通风、阴凉处保存,并防止鼠虫等损坏。

ICS 65.020.20
B 05

DB64

宁 夏 回 族 自 治 区 地 方 标 准

DB64/T 1205—2016

枸杞鲜果秋延后栽培技术规程

Technical regulation of late autum cultivation of fresh fruit of Lycium

2016-12-28 发布
2017-03-28 实施

宁夏回族自治区质量技术监督局 发 布

前　言

本标准按照 GB/T 1.1—2009 给出的规则起草。

本标准由宁夏农林科学院提出。

本标准由宁夏回族自治区林业厅归口。

本标准起草单位：宁夏农林科学院枸杞工程技术研究所、国家枸杞工程技术研究中心、宁夏枸杞工程技术研究中心、宁夏中杞枸杞贸易集团有限公司。

本标准主要起草人：张波、戴国礼、秦垦、焦恩宁、曹有龙、石志刚、闫亚美、周旋、巫鹏举、何昕儒、米佳、何军、安巍、陈清平、李云翔、刘俭、刘娟、夏道芳、贾占魁。

枸杞鲜果秋延后栽培技术规程

1 范围

本标准规定了枸杞鲜果秋延后栽培技术的生产园选择、扣棚前管理、适时扣棚、扣棚后管理、采收与采后管理和档案建立。

本标准适用于宁夏枸杞种植区。

2 规范性引用文件

下列文件对于本文件的应用是必不可少的。凡是注日期的引用文件,仅注日期的版本适用于本文件。凡是不注日期的引用文件,其最新版本(包括所有的修改单)适用于本文件。

GB/T 19116 枸杞栽培技术规程

JB/T 10594 日光温室和塑料大棚结构与性能要求

DB64/T 772 宁杞7号枸杞栽培技术规程

DB64/T 1141 枸杞促早栽培技术规程

DB64/T 1160 枸杞滴灌高效节水技术规程

3 生产园选择

选择树龄3年以上,上年每667 ㎡产鲜果1 000 kg以上,避风向阳,地势平坦,水电便利,土壤有机质含量丰富地块。

4 扣棚前管理

4.1 1月至7月管理

宁杞1号按照GB/T 19116执行,宁杞7号按照DB64/T 772执行。

4.2 8月管理

4.2.1 整形修剪

8月5日至8月10日整形修剪,疏除过密、病残徒长枝。宁杞1号短截壮果枝,留枝长度为15 cm～20 cm。宁杞7号中、重度短截当年结果枝,留枝长度为10 cm～20 cm。

4.2.2 施肥

采用环状沟施法,株施 N:0.036 kg～0.040 kg,P_2O_5:0.016 kg～0.021 kg,K_2O:0.013 kg～0.016 kg。

4.2.3 灌水

采用膜下滴灌,每15 d灌水一次,滴水量为20 m³/667 ㎡。

5 适时扣棚

5.1 塑料大棚搭建

大棚建造按 JB/T 10594 规定执行,大棚跨度 8 m(南北向),高度 2.8 m,长度 80 m(东西向),肩高 1.5 m,拱架埋深不小于 30 cm,大棚压膜线以钢管横拉杆固定,大棚主骨架钢管 32 mm,预留工作通道 1 m,中间通道 2 m,棚膜选用新无滴薄膜,厚度 0.08 mm。

5.2 扣棚时间

9 月 10 日至 9 月 15 日扣棚。

6 扣棚后管理

6.1 追肥

6.1.1 追施化肥

配合灌溉追肥,每 15 d 一次,每 667 m² 每次施纯氮 2 kg~3 kg、纯磷 1 kg~2 kg、纯钾 1 kg~2 kg,施肥方法按照 DB64/T 1160 规定执行。

6.1.2 叶面肥

每 15 d 喷施叶面肥一次,补充硼、锌、钙等微量元素。

6.2 温光调控

6.2.1 温度调控

6.2.1.1 高温控制

棚内温度保持在 20 ℃~30 ℃,高于 30 ℃打开通风口降温。

6.2.1.2 低温防寒

夜间棚内温度低于 12 ℃时,在棚四周围设草帘,加盖棉被。

6.2.2 光照调控

沿定植行铺设反光膜,适时揭苫延长光照时间。

6.3 授粉方式

虫媒授粉。按照 DB64/T 1141 规定执行,放置蜂箱 1 个/667 m²(蜜蜂 3 批,每批 2 000 头),放置于塑料大棚中间,距地表 60 cm 处。

6.4 病虫害防治

9 月底至 10 月初以防治叶斑病、白粉病为主;11 月至 12 月以防治黑果病为主。虫害以悬挂黄板、蓝板物理诱杀为主,化学防治为辅。主要病害防治方法按照 GB/T 19116、DB64/T 772 规定执行。

7 采收与采后管理

7.1 采收

果实变色后 4 d～7 d、8 成至 9 成熟、果实橙红色时进行,采摘时需带果柄。

7.2 采后管理

11 月下旬,果实采收完后,逐渐拉开风口,待完全落叶休眠后撤棚、清园。

8 档案建立

建立枸杞鲜果秋延后技术档案。

————————————

ICS 11.120.01
B 38

DB64

宁夏回族自治区地方标准

DB64/T 1207—2016

宁杞8号枸杞栽培技术规程

Technical regulation of Lycium cultivation for 'Ninqi-8'

2016-12-28 发布   2017-03-28 实施

宁夏回族自治区质量技术监督局　发布

前　言

本标准按照 GB/T 1.1—2009 给出的规则起草。

本标准由宁夏回族自治区林业厅提出并归口。

本标准起草单位：宁夏林业研究院股份有限公司、国家林业局枸杞工程技术研究中心、西北特色经济林栽培与利用国家地方联合工程研究中心、宁夏林业产业发展中心。

本标准主要起草人：南雄雄、王锦秀、王昊、康超、秦彬彬、时新宁、李惠军、沈效东、李健。

宁杞 8 号枸杞栽培技术规程

1 范围

本标准规定了宁杞 8 号的品种特征与特性、产地环境条件、苗木培育、建园、整形修剪、水肥管理、病虫害防治和果实采摘。

本标准适用于宁杞 8 号的栽培与管理。

2 规范性引用文件

下列文件对于本文件的应用是必不可少的。凡是注日期的引用文件,仅注日期的版本适用于本文件。凡是不注日期的引用文件,其最新版本(包括所有的修改单)适用于本文件。

GB/T 19116　枸杞栽培技术规程

DB64/T 676　枸杞苗木质量

DB64/T 850　枸杞病害防治技术规程

DB64/T 851　枸杞虫害防控技术规程

DB64/T 852　枸杞病虫害监测预报技术规程

3 术语与定义

下列术语与定义适用于本文件。

3.1

冻干枸杞

应用真空冷冻干燥技术,将鲜枸杞经低温冷冻干燥加工制成的枸杞果实。

3.2

鲜食枸杞

采摘后直接食用的枸杞果实。

4 品种特征与特性

4.1 品种特征

4.1.1 结果枝

树体生长势中庸,枝条长而下垂,平均剪截成枝力 3.4,平均结果距 20 cm 以上,枝条长度 30.0 cm～65.0 cm。

4.1.2 叶

叶片展开呈宽长条形,叶片墨绿,叶脉清晰,成熟后叶片灰绿色,老叶呈不规则翻卷。叶片长平均 36.42 mm、宽 8.96 mm。

4.1.3 花

合瓣花。紫红色,喉部具规则紫红色条纹,花冠裂片平展,呈圆舌形;花瓣5,雄蕊5,雌蕊1,雌蕊低于雄蕊,柱头低于花药。

4.1.4 果

幼果细长弯曲,萼片单裂,果实长大后渐直,完成膨大后变色,果实八成熟时,果柄处有墨绿色,完全成熟后,墨绿色变红,成熟果实呈长纺锤形,两端钝尖;果粒纵径18.5 mm～41.2 mm,横径8.3 mm～14.0 mm,果型指数2.66,果肉厚2.45 mm,含籽量18粒～25粒,果味甘甜,果皮薄,适宜于鲜食或加工为冻干枸杞,冻干果实鲜干比4.8～5.1。

4.2 品种特性

4.2.1 生长特性

物候期在宁夏各地区比宁杞1号提前5 d～7 d。树体营养生长旺盛,抽枝力中庸。结果枝条长而下垂;坐果距较长。强壮枝经短截后抽出的二次枝长至15 cm,需经2～3次摘心才能开花结果。

4.2.2 结果特性

异花授粉为主,需配授粉树。老眼枝结果性能中庸,结果多在老眼枝顶端或长针刺枝上结果,老眼枝每节间3～7个花果簇生于叶腋。七寸枝结果每节间花果数1个,稀2个。

5 产地环境条件

参照GB/T 19116规定执行。

6 苗木培育

参照GB/T 19116规定执行。

7 建园

7.1 园地选择

选择道路畅通,排灌方便,地下水水位1.5 m以下为宜。6月份至9月份降雨量应少于300 mm。土壤要求肥沃的轻壤或中壤土。土壤物理指标和肥力指标要求如表1和表2。

表1 土壤物理指标

指标	土壤容重/(g/cm³)	田间持水量/%	通气孔隙度/%	坚实度/kg	pH
含量	≤1.5	20%≤x≤35%	≥10	≤2.5 kg	7～9

表 2　土壤肥力指标

养分	有机质/%	全氮/%	速效氮 N/(mg/kg)	有效磷 P$_2$O$_5$/(mg/kg)	速效钾 K$_2$O/(mg/kg)
含量	≥1	≥0.1	≥60	≥5	≥50

7.2　定植模式

7.2.1　授粉树配置

采用混合种植,授粉树选择宁杞1号,按照宁杞1号:宁杞8号为1:2的比例行间配植或宁杞1号:宁杞8号为1:3的比例株间配植。

7.2.2　定植密度

一般定植株行距1 m×2 m,每667 m² 定植333株;便于机械作业,株行距1 m×3 m,每667 m² 定植222株。定植穴规格长×宽×深为50 cm×50 cm×60 cm。

7.2.3　定植基肥

经过耙碎的厩肥、土壤表土,按照体积比2:1进行混配作为基肥材料,每立方米材料中均匀加入尿素、磷酸二铵按1:1混合肥料1 kg,与基肥材料混匀。将上述材料混合均匀后填入定植穴,每穴施入0.02 m³,依据不同株距1.0 m×3.0 m或1.0 m×2.0 m,每667 m² 用量5 m³~7 m³,定植穴上部用表土填至与地面相平,待苗木定植。

7.2.4　苗木标准

按照DB64/T 676规定选择一、二级苗木。

7.2.5　定植方法

按照GB/T 19116相关规定执行。

8　整形修剪

8.1　树形

圆锥形(塔形)树型。树冠成圆锥形,分布成3层~4层,培养主枝12个~16个,成龄树高控制在1.6 m~1.8 m,下层冠幅直径100 cm~120 cm。

8.2　幼龄树(1龄~2龄)

8.2.1　一龄树修剪

8.2.1.1　定干

苗木定植成活后,于70 cm~80 cm高处剪顶定干,剪口下20 cm作为第一层主枝分布带,选留方向不同的侧枝3个~4个作为第一层骨干枝,其余直立枝全部去除。当侧枝生长至20 cm~25 cm时封顶,促发二次侧枝。

8.2.1.2　修剪

第一层树冠上萌发的直立向上的枝条与第一层树冠以下枝条全部去除;每一骨干枝上选择保留

3 个～4 个侧枝,过密的疏除;8 d～10 d 抹芽一次。

8.2.1.3 放顶

当主干地径粗达到 2 cm 以上时,选择主干上或靠近主干生长的直立徒长枝于 35 cm～40 cm 处剪顶促发侧枝,选留 3 个～4 个分枝,培养第 2 层树冠,其余的直立枝全部去除。

8.2.2 二龄树修剪

8.2.2.1 休眠期整形修剪

1 年～2 年生幼龄树多长针刺枝(3 cm 以上),主枝上长针刺枝具较强结果能力,保留结果;对第一层树冠通过剪短回缩控制树冠冠幅在 30 cm～40 cm;疏除过密枝、弱枝、横穿枝,徒长枝除用作整形补空外一律去除;其余枝条长放结果。对第二层树冠的预留骨干枝在 15 cm 处短截。

8.2.2.2 生长期修剪

8.2.2.2.1 修剪

抹除根茎、主干、骨干枝基部 20 cm 以内新萌发的枝条;对萌发的徒长枝、强壮二次枝除补空或培养结果枝组外全部去除;保留老眼枝上萌发的新生结果枝。

8.2.2.2.2 放顶

对一龄期尚未形成第二层树冠的树体,采用主干上或近主干部位当年萌发的直立徒长枝,于 35 cm～40 cm 高处剪顶促发侧枝,选取顶部 3 个～4 个侧枝形成第二层树冠,培养方法与第一层树冠相同。对一龄期已形成二层树冠的植株,6 月份之前的夏季修剪过程中要注重顶端优势的控制,及时抹除顶端徒长枝或强壮枝,重点稳固第一、二层树冠,培养结果枝组,下半年再根据长势决定是否放顶形成第三层树冠。

8.3 成龄树修剪

8.3.1 休眠期修剪

修剪原则和顺序参照 GB/T 19116—2003 相关规定执行,操作细则同二龄期枸杞休眠期苗木整形及夏季修剪。对于成龄树主枝上新发的枝条,着重进行不间断打顶,以促发结果枝组。休眠期修剪主要是控制顶端优势,对树冠上部的徒长枝、强壮二次枝及树冠下部的弱枝、病枝进行疏除。

8.3.2 生长期修剪

萌芽后,每 10 天～15 天抹芽一次,及时清除根茎、主干、骨干枝基部、膛内、冠顶萌发的枝条;对缺冠、新生枝少的部位萌发的强壮枝及时打顶促发侧枝,保留枝条长度 15 cm～20 cm,疏除过密枝条,增加树体通风透光能力。

9 水肥管理

参照 GB/T 19116 相关规定执行。

10 病虫害防治

10.1 病虫害监测预报

参照 DB64/T 852 相关规定执行。

10.2 病虫害防治方法

首次防治时间依据宁杞 8 号枝条萌动时进行;具体防治办法,参照 DB64/850、DB64/851 相关规定执行。

11 果实采摘

11.1 冷贮鲜食枸杞采摘

11.1.1 采摘时间

6 月中下旬,间隔 7 天～9 天采摘一次;7 月至 8 月,间隔 5 d～7 d 采摘一次;9 月至 10 月,间隔 10 d 采摘一次。早晨 6 时—9 时,下午 17 时以后采摘,炎热天、雨后不宜采收。

11.1.2 采摘标准

果实完成膨大生长,果表光滑呈红色,果实八成熟、果柄处有墨绿色即可采摘。

11.1.3 采摘方法

带果柄采收,轻采轻放,避免损伤。果筐盛载厚度≤10 cm 为宜。采收后果实置于阴凉处,尽快转运到贮藏车间进行处理。

11.2 加工冻干枸杞果实采摘

11.2.1 采摘时间

6 月中下旬,间隔 7 d～10 d 采摘一次;7 月至 8 月,间隔 6 d～8 d 采摘一次;9 月至 10 月,间隔 10 d 采摘一次。

11.2.2 采摘标准

果实完成膨大生长,果实果柄处墨绿色完全变红即可采摘。

11.2.3 采摘方法

不带果柄采收,果筐盛载深度 20 cm 为宜。采收后果实置于阴凉处,尽快转运到加工车间进行处理。

11.3 传统制干枸杞果实采收

11.3.1 采摘时间

参照该标准 11.2.1 相关规定执行。

11.3.2 采摘标准

参照该标准 11.2.2 相关规定。

11.3.3 采摘方法

参照该标准 11.2.3 相关规定执行。

11.3.4 制干

参照 GB/T 19116—2003 相关规定执行。

———————————

ICS 11.120.01
B 38

DB64

宁夏回族自治区地方标准

DB64/T 1208—2016

宁杞 9 号枸杞栽培技术规程

Technical regulation of Lycium cultivation for 'Ningqi-9'

2016-12-28 发布

2017-03-28 实施

宁夏回族自治区质量技术监督局 发 布

前　言

本标准按照 GB/T 1.1—2009 给出的规则起草。

本标准由宁夏回族自治区林业厅提出并归口。

本标准起草单位：宁夏林业研究院股份有限公司、国家林业局枸杞工程技术研究中心、宁夏森森枸杞科技开发有限公司、宁夏林业产业发展中心。

本标准主要起草人：沈效东、王娅丽、李惠军、白永强、王锦秀、黄占明、俞树伟、王伟、秦彬彬。

宁杞9号枸杞栽培技术规程

1 范围

本标准规定了宁杞9号的品种特征与特性、环境条件、园地选择与规划、整地、施基肥、定植、整形修剪、水肥管理、中耕除草、病虫害防治、采收等生产技术。

本标准适用于宁杞9号的栽培与管理。

2 规范性引用文件

下列文件对于本文件的应用是必不可少的。凡是注日期的引用文件,仅注日期的版本适用于本文件。凡是不注日期的引用文件,其最新版本(包括所有的修改单)适用于本文件。

NY/T 391　绿色食品　产地环境质量标准

NY/T 393　绿色食品　农药使用准则

DB 64/T 850　枸杞病害防治技术规程

DB 64/T 851　枸杞虫害防控技术规程

DB 64/T 852　枸杞病虫害监测预报技术规程

3 品种特征与特性

3.1 植物学特性

落叶灌木,抗逆性强,适应性广。植株生长势强,丛状生长,茎直立,灰褐色,分枝角度小,上部多分枝形成伞状树冠;当年生枝条灰白色,枝梢深绿色;叶片肥厚、宽长、深绿色、长椭圆形,叶长平均52.48 mm,宽平均8.83 mm,厚平均1.30 mm,平均单叶重0.17 g,在当年枝上单叶互生,老枝上三叶簇生,少互生;当年生嫩枝嫩梢浅绿色;五叶一芽平均鲜重0.89 g,七叶一芽平均鲜重1.19 g,三叶一芽平均鲜重0.53 g。

3.2 物候特性

宁夏地区年生长周期是3月底萌动,4月初萌芽,4月中旬抽枝,4月下旬新梢迅速生长,长度长到20 cm～25 cm进入采摘期;6月下旬新梢长势减慢,复壮更新一次,7月中下旬恢复生长,继续采摘;10月上旬停止生长;10月底落叶进入休眠期;采摘期从4月下旬至9月上旬。

3.3 营养成分

叶芽氨基酸总量4.61 g/100 g～7.33 g/100 g,其中人体必需氨基酸占氨基酸总量41.82%～48.26%。矿质元素钙、铁、锌含量分别是649 mg/kg～1 565 mg/kg、39.14 mg/kg～73.48 mg/kg、6.38 mg/kg～12.28 mg/kg。枸杞多糖含量3.57 mg/100 g～6.56 mg/100 g、甜菜碱含量1.55 mg/100 g～1.94 mg/100 g,胡萝卜素含量15.06 mg/100 g～29.8 mg/100 g。

4 环境条件

产地环境质量应符合 NY/T 391 的要求。

5 园地选择与规划

5.1 适宜种植区域

适宜在银川、贺兰、永宁、中宁等地种植。

5.2 园地选择

选择土层深厚，土壤质地良好的沙壤、轻壤或中壤土。

5.3 园地规划

集中连片，规模种植，也可因地制宜分散种植，园地应远离交通干道 100 m 以上。

5.4 设置渠、沟、路

依据园地大小和地势，规划灌水区和排水沟，大面积栽培依据水渠灌溉能力划分栽培区，并设置作业道路。

6 整地、施基肥

春耕前整地施有机肥 2 000 kg/667 m²～3 000 kg/667 m²，尿素 10 kg/667 m²，磷酸二铵 30 kg/667 m²。结合春耕翻入土内 25 cm 以上，使土壤和肥料充分拌匀，随翻随耙压，粉碎土块，平整地块，使土壤平整高度差低于 5 cm。易积水地区需起垄，垄长 10 m～15 m 依地势而定，垄面净宽 30 cm，高 15 cm～20 cm，步道宽 40 cm。

7 定植

7.1 苗木规格

7.1.1 穴盘苗要求株高 10 cm 以上，地径＞0.2 cm，叶片数＞5 片，有生长点，根系成团，无病虫害，自然环境条件下不萎蔫。

7.1.2 裸根苗要求株高 10 cm～15 cm，地径 0.6 cm 以上，分支 3～5 个，根冠幅≥10 cm，无病虫害。

7.2 定植密度

株距 20 cm，行距 70 cm，每亩种植 4 500 株～4 700 株。

7.3 定植时间

7.3.1 穴盘苗种植时间为 5 月 10 日—8 月 30 日，在上午十一点前、下午四点以后定植，阴天可全天定植。

7.3.2 裸根苗定植时间为 4 月 1 日—4 月 30 日。

7.4 定植方法

穴盘苗按株行距挖规格为长×宽×高＝8 cm×8 cm×10 cm 的定植孔进行定植；裸根苗挖长×宽

×高＝15 cm×15 cm×15 cm 的定植孔进行定植,随栽随灌水。

8 整形修剪

当年定植苗木,待苗高生长至 20 cm～25 cm 时去顶复壮一次,保留高度 10 cm～15 cm;种植 2 年生以上苗木,每年春季平茬复壮,留茬高度 5 cm～8 cm,并疏除细弱枝条,保留直径 0.4 cm 以上的分枝3 个～5 个;生长季,当植株高度大于 40 cm 时,根据嫩芽生长情况更新复壮,将植株修剪至 20 cm～25 cm,及时清除老枝、侧枝和株行间匍匐枝条。

9 水肥管理

9.1 施肥

上一年秋季落叶后,或当年萌芽前,每 667 m² 施腐熟有机肥(羊粪)2 000 kg＋磷酸二铵 25 kg;萌芽前及时施萌芽肥,每 667 m² 施尿素 15 kg＋磷酸二铵 35 kg＋硫酸钾 30 kg。在行内撒施,微型旋耕机旋耕,深度 15 cm～20 cm。5 月中旬、7 月中旬、8 月中旬生长旺盛期,每次撒施 N：P_2O_5：K_2O＝1：0.5：0.5 的复合肥 50 kg/667 m²;施肥深度 15 cm～20 cm。

9.2 灌溉

采用滴灌进行灌溉。滴灌设计:采用直径 16 mm,滴头流量 1.6 L/h,滴头间距 20 cm 的毛管。每行布置 1 根毛管。当土壤含水量低于田间持水量的 65％时进行灌溉,1 次灌溉 10 m³/667 m²～12 m³/667 m²。灌溉间隔 4 月～5 月 7 d～10 d,6 月～8 月 3 d～5 d,9 月 7 d～10 d,10 月 10 d～15 d。11 月中旬灌冻水,滴灌灌溉量 50 m³/667 m²,保证植株顺利越冬。

10 中耕除草

全年中耕除草 6 次～8 次。株间采用人工松土除草,行间采用微型旋耕机进行,松土深度 10 cm～15 cm。全年做到田间无杂草。滴灌实行水肥一体化时行间可采用覆黑膜方式进行杂草防治。

11 病虫害防治

11.1 防治原则

采用预防为主,综合防治的植保方针进行病虫害防治。以农业防治为基础,提倡生物防治,并结合物理防治和化学防治等措施进行安全有效的防治。病虫害监测预报参考 DB64/T 852。

11.2 防治方法

11.2.1 农业防治

早春和晚秋进行修剪平茬,留茬高度 20 cm。修剪下来的枝条连同园周围的枯草落叶,集中园外烧毁,消灭病虫源。生长季及时清除病叶、烂叶及被病虫等侵蚀的叶片、植株等。当瘿螨等危害严重时结合更新复壮离地 5 cm～10 cm 平茬植株。

11.2.2 生物防治、物理防治

参照 DB64/T 850 和 DB64/T 851 执行。

11.2.3 药剂防治

按照 NY/T 393 的规定执行。加强病虫害的预测预报,有针对性适时用药,合理选择农药种类、施用时间和施用方法。注意不同作用机理农药的交替使用和合理混用,以延缓病菌和害虫产生抗药性。严格按照规定的浓度、使用次数和安全间隔期要求施用,喷药均匀。各生长阶段主要病虫害预防时间及方法参见附录 A。

12 采收

当新梢长到 15 cm~20 cm 时开始采收,平均 5 天~7 天采收一次,全年采收 16 批次~18 批次。采收嫩芽以没有木质化为原则。4 月下旬开始第一批次的采摘。4 月下旬至 5 月下旬采摘嫩芽长度为 10 cm~12 cm;6 月~8 月采摘长度 8 cm~10 cm;9 月采摘长度为 3 cm~6 cm。晴天采收,时间为上午十点以前、下午四点以后。采收装筐厚度不超过 10 cm,边采收边入库,2 h 内必须入库。周转筐要求清洗干净,无污染、无脏迹,没有盛放其他有害人体健康的物质,而且定期清洗消毒。采后等待装车拉运和入库过程中,应放置于阴凉通风处。下雨当天及雨后叶片表面有水珠时不采收。喷药后未达到安全间隔期的不采收,各农药安全间隔期见附录 A。

附　录　A

（资料性附录）

宁杞9号病虫害预防时间与方法

宁杞9号病虫害预防时间与方法见表A.1。

表A.1　宁杞9号病虫害预防时间与方法

病虫害名称	药剂种类	通用名	剂型及含量	每季最多使用次数	安全间隔期/d	使用时期
白粉病	微生物源农药	多抗霉素B	10％可湿性粉剂	3	7	郁闭期
	矿物农药	硫磺悬浮剂	50％悬浮剂	3	2	
瘿螨、木虱、蚜虫	矿物农药	果园清石硫合剂	29％水剂	1～2	7	清园
瘿螨、木虱	矿物农药	SK矿物油	99％乳油	1～2	3	萌动至展叶期
蚜虫、木虱、瘿螨	植物源农药	苦参碱	0.3％水剂	3	3	采收期
	植物源农药	印楝素	0.7％乳油	3	5	
蓟马、木虱、蛀稍蛾	矿物农药	硫磺悬浮剂	50％悬浮剂	3	2	采收期
木虱、蚜虫、瘿螨、蓟马	矿物农药	果园清石硫合剂	29％水剂	1～2	7	封园

ICS 65.020.20
B 05

DB64

宁夏回族自治区地方标准

DB64/T 1212—2016

枸杞篱架栽培技术规程

Technical regulation of trellis cultivation for Lycium

2016-12-28 发布
2017-03-28 实施

宁夏回族自治区质量技术监督局　发布

前　言

本标准按照 GB/T 1.1—2009 给出的规则起草。

本标准由宁夏农林科学院提出。

本标准由宁夏回族自治区林业厅归口。

本标准起草单位：宁夏农林科学院枸杞工程技术研究所、国家枸杞工程术研究中心、宁夏枸杞工程技术研究中心、宁夏中杞枸杞贸易集团有限公司。

本标准主要起草人：戴国礼、张波、周旋、秦垦、焦恩宁、何昕孺、尹跃、米佳、石志刚、曹有龙、闫亚美、何军、安巍、陈清平、李云翔、刘俭、刘娟、夏道芳、贾占魁。

枸杞篱架栽培技术规程

1 范围

本标准规定了枸杞篱架栽培技术的建园、土肥水管理、整形修剪、病虫害防治、采收制干、包装贮存和档案建立。

本标准适用于宁夏枸杞栽培区。

2 规范性引用文件

下列文件对于本文件的应用是必不可少的。凡是注日期的引用文件,仅注日期的版本适用于本文件。凡是不注日期的引用文件,其最新版本(包括所有的修改单)适用于本文件。

GB/T 18672 枸杞(枸杞子)国家标准

GB/T 19116 枸杞栽培技术规程

NY/T 5249 无公害食品枸杞生产技术规程

DB64/T 676 枸杞苗木质量

DB64/T 1160 枸杞滴灌高效节水技术规程

3 术语和定义

下列术语和定义适用于本文件。

3.1

枸杞篱架栽培

利用金属篱架进行枸杞树型培养的一项技术措施。

4 建园

4.1 园地选择

4.1.1 选址

具有灌溉条件的滩地、坡地,栽培适宜区域按照 GB/T 19116 的规定执行。

4.1.2 行向

南北行建园,每 100 m 设置人行通道与行垂直,行头留 6 m 机耕作业道。

4.2 苗木准备

DB64/T 676 规定的特级苗、一级苗,苗高 0.8 m 以上。

4.3 定植

按照 GB/T 19116 执行。

4.4 篱架设置

4.4.1 架杆

在定植行每隔 10.0 m 埋设一根三角铁支架(高度 2.0 m,埋入地下 0.4 m)。

4.4.2 架丝

在据地面 0.4 m、0.8 m、1.2 m 处横向拉三根 12♯金属丝。

4.4.3 绑杆

每株枸杞栽植时帮扶直立竹竿(高度 1.4 m,埋入地下 0.2 m)与金属丝形成 90°夹角。

4.4.4 铺设滴灌

将滴灌管通过滴灌管夹铺设在 0.4 m 金属丝上。

4.5 枸杞篱架构成图

枸杞篱架构成图见图1。

单位为厘米

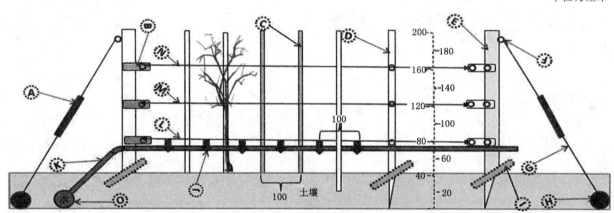

图1 枸杞篱架构成图

5 土肥水管理

土肥管理按照 GB/T 19116 的规定执行;滴灌管理按照 DB64/T 1160 的规定执行。

6 整形修剪

6.1 "工"字树型

树型高度 1.2 m,单主干,整个树冠由基层(0.8 m)与顶层(1.2 m)组成,每层有 2 个主枝,4 个~6 个二级主枝,二级主枝均匀分布于主枝两侧。

6.2 一龄树整形修剪

6.2.1 定干修剪

栽植的苗木萌芽后,于株高 0.8 m 处剪顶,选留 3 个～5 个侧芽。

6.2.2 临时辅养层培养

5 月下旬至 7 月下旬,将主干上的侧枝于枝长 0.15 m～0.2 m 处摘心,并剪除向上生长的中间枝,促其萌发二次结果枝。

6.2.3 秋季绑缚

8 月下旬至 9 月上旬,选择 2 根平行于拉丝的枝条进行绑缚,于 0.4 m～0.5 m 处短截,培养 2 个基层主枝,见图 A.1。

6.3 二龄树整形修剪

6.3.1 休眠期修剪

休眠期去除临时临时辅养层。

6.3.2 夏季修剪

5 月下旬至 7 月下旬,每隔 7 天剪除主干上的萌芽,基层主枝上的徒长枝、中间枝;对基层主枝上的侧枝于枝长 0.15 m～0.2 m 处摘心,培养 4 根～6 根基层二级主枝。

6.3.3 秋季修剪

8 月下旬至 9 月上旬,剪除植株根茎、主干、基层主枝上的徒长枝,扩充壮实基层不放顶,见图 A.2。

6.4 三龄树整形修剪

6.4.1 休眠期修剪

疏剪,留基层主枝及二级主枝。

6.4.2 夏季放顶

5 月下旬至 7 月下旬,选择主干中心处萌芽进行培养,待其长至 1.2m 时剪顶,选留 3 个～5 个侧芽。

6.4.3 秋季绑缚

8 月下旬至 9 月上旬,选择 2 根平行于拉丝的枝条进行绑缚,于 0.4m～0.5m 处短截,培养顶层主枝,见图 A.3。

6.5 四龄树整形修剪

6.5.1 休眠期修剪

疏剪,留顶层主枝、基层主枝及二级主枝。

6.5.2 夏季修剪

5 月下旬至 7 月下旬,每隔 7 天剪除主干上的萌芽,对顶层主枝上的侧枝于枝长 0.15 m～0.2 m 处摘心,培养 3 根~5 根顶层二级主枝。

6.5.3 秋季修剪

8 月下旬至 9 月上旬,剪除植株根茎、主干、基层、顶层主枝所抽生的徒长枝,控顶层壮基层,见图 A.4。

7 病虫害防治

防治药剂选择与方法按 NY/T 5249 的规定执行。

8 采收制干

按 GB/T 18672 的规定执行。

9 包装贮存

按 GB/T 19116 的规定执行。

10 档案建立

建立了篱架设置、"工"字树型培养过程的档案。

附 录 A
（资料性附录）
篱架二层"工"字型树型培养图例

A.1 一龄树修剪图

一龄树修剪图见图 A.1。

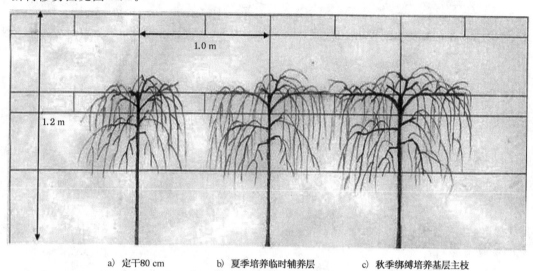

a）定干80 cm　　　　b）夏季培养临时辅养层　　　　c）秋季绑缚培养基层主枝

图 A.1 一龄树修剪图

A.2 二龄树修剪图

二龄树修剪图见图 A.2。

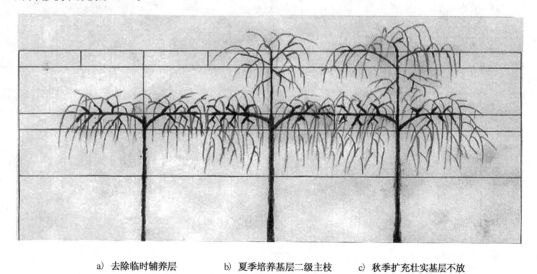

a）去除临时辅养层　　　　b）夏季培养基层二级主枝　　　　c）秋季扩充壮实基层不放

图 A.2 二龄树修剪图

A.3 三龄树修剪图

三龄树修剪图见图A.3。

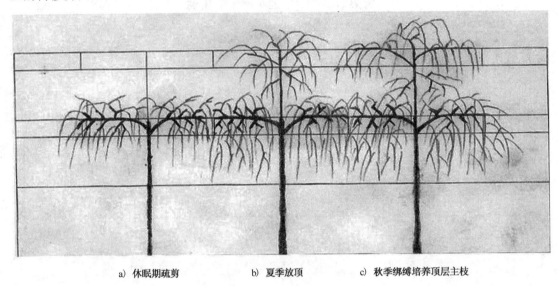

a) 休眠期疏剪　　　　　b) 夏季放顶　　　　　c) 秋季绑缚培养顶层主枝

图 A.3　三龄树修剪图

A.4 成龄树修剪

成龄树修剪图见图A.4。

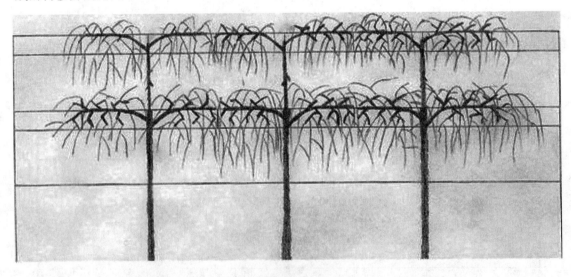

a) 休眠期疏剪　　　　b) 夏季培养顶层二级主枝　　　　c) 秋季控顶层壮基层

图 A.4　成龄树修剪图

ICS 65.020.20
B 05

DB64

宁 夏 回 族 自 治 区 地 方 标 准

DB64/T 1568—2018

宁农杞 9 号枸杞栽培技术规程

Technical regulation of Lycium cultivation for 'Ningnongqi-9'

2018-10-18 发布 2019-01-17 实施

宁夏回族自治区市场监督管理厅 发 布

前　言

　　本标准按照 GB/T 1.1—2009 给出的规则起草。

　　本标准由宁夏农林科学院提出。

　　本标准由宁夏回族自治区林业和草原局归口。

　　本标准起草单位:宁夏农林科学院枸杞工程技术研究所、国家枸杞工程技术研究中心、宁夏中杞枸杞集团贸易有限公司、宁夏回族自治区标准化院。

　　本标准主要起草人:曹有龙、何昕孺、秦垦、焦恩宁、夏道芳、李瑞鹏、戴国礼、石志刚、张波、周旋、黄婷、段淋渊、陈清平、李云翔、刘俭、刘娟、张文华、贾占魁、穆彩霞、塔娜。

宁农杞 9 号枸杞栽培技术规程

1 范围

本标准规定了宁农杞 9 号枸杞的品种特征与特性、优质丰产指标、苗木培育、建园、整形修剪、土肥水管理、病虫害防治、鲜果采收与制干、包装和贮存。

本标准适用于宁农杞 9 号的栽培和管理。

2 规范性引用文件

下列文件对于本文件的应用是必不可少的。凡是注日期的引用文件,仅注日期的版本适用于本文件。凡是不注日期的引用文件,其最新版本(包括所有的修改单)适用于本文件。

GB/T 18672　枸杞

GB/T 19116　枸杞栽培技术规程

NY/T 5249　无公害食品　枸杞生产技术规程

DB64/T 676　枸杞苗木质量

DB64/T 851　枸杞虫害防控技术规程

DB64/T 1204　枸杞水肥一体化技术规程

DB64/T 1210　枸杞优质苗木繁育技术规程

DB64/T 1213　枸杞病虫害防治农药安全使用规范

3 术语和定义

以下术语和定义适用于本文件。

3.1

冠面

冠层顶部的水平面。

4 品种特征与特性

4.1 植物学特性

宁农杞 9 号(学名:*Lycium barbarum* L.' Ningnongqi-9')为宁夏枸杞。1 年生枝条深绿色,梢部有堇紫色条纹;2 年生枝条灰白色,节间突起,扭曲状,枝条较长,平均枝长 51.93 cm。1 年生枝条幼叶披针形,青灰色;成熟叶片长披针形,叶色浓绿,伴有扭曲反折现象。花蕾堇紫色,花冠喉部豆绿色,花冠檐部裂片背面中央有 3 条绿色维管束,花萼多单裂。幼果青绿色,有果尖,成熟果无果尖。鲜果长柱形,暗红色,果实表面无光泽,平均单果重 1.14 g,纵横径比值 2.5,果实鲜干比 4.3∶1～4.7∶1,雨后易裂果。

4.2 生物学特性

在西夏区 4 月 11 日—13 日萌芽,4 月 14 日—16 日展叶,4 月 24 日 2 年生枝现蕾,5 月 20 日—

25日1年生枝条开花,6月7日—10日果熟初期,6月30日进入盛果期。不同地区的物候期有一定的差异。自交不亲和。对瘿螨、白粉病抗性较弱。耐寒冷,在最低气温−31 ℃下无冻害;耐热性较强,半致死温度为56.28 ℃。

5 优质丰产指标

5.1 树体指标

两层自然半圆形,株高1.6 m～1.7 m,冠幅1.4 m～1.5 m,结果枝200条～225条。

5.2 产量指标

栽植第1年干果产量6 kg/667 m²～8 kg/667 m²,第2年产量64 kg/667 m²～80 kg/667 m²,第3年产量120 kg/667 m²～150 kg/667 m²,第4年产量180 kg/667 m²～230 kg/667 m²,第5年以后产量同第4年。

5.3 质量指标

参照GB/T 18672执行。

6 苗木培育

6.1 苗木繁育

因硬枝扦插成活率较低,以嫩枝扦插为主。嫩枝插穗处理,配制250 mg/L萘乙酸＋150 mg/L吲哚丁酸的生根剂,加入0.3%代森锰锌、15%滑石粉拌成水乳液。扦插前,插穗下部2 cm处速蘸生根剂,然后扦插。具体繁育技术参照DB64/T 1210执行。

6.2 种苗规格、检验方法和包装运输

种苗规格参照NY/T 5249执行,检验方法与包装运输参照DB64/T 676执行。

7 建园

7.1 园地选择

选择地势平坦,土壤含盐量0.5%以下,土壤有机质含量0.5%以上,土层厚度大于50 cm的沙壤、轻壤或中壤土地块。

7.2 行向

南北行向栽植,行向与生产路垂直;行长150 m～160 m,行头留6 m机耕道。

7.3 定植

7.3.1 密度

株距1.2 m～1.5 m为宜,行距3 m为宜。

7.3.2 授粉树配置

采用宁杞1号或宁杞7号作为授粉树,株间配置,主栽品种与授粉品种的比例为2∶1～3∶1。

7.3.3 定植方法

土壤解冻 40 cm 以上定植,定植方法参照 GB/T 19116 执行。

8 整形修剪

8.1 适宜树形与幼树整形

8.1.1 两层自然半圆形

8.1.1.1 基层分支

基层分支位于主干距地表 80 cm～100 cm,主枝 4 个～5 个,截留长度 15 cm;1 级侧枝 15 个～20 个,第 1 侧枝距主干 10 cm,截留长度 15 cm;2 级侧枝 30 个～40 个,截留长度 15 cm;结果母枝 60 个～80 个,多位于 2 级侧枝上,截留长度 15 cm～25 cm,距地表高度为 90 cm～110 cm;基层冠幅 140 cm～150 cm,冠面高 120 cm～130 cm。

8.1.1.2 顶层分支

顶层分支位于中心干距地表 120 cm～140 cm,主枝 3 个～4 个,截留长度 10 cm;1 级侧枝 10 个～15 个,截留长度 10 cm;结果母枝 25 个～35 个,多位于 1 级侧枝上,截留长度 10 cm～20 cm,距地表高度 130 cm～150 cm;顶层冠幅 120 cm～130 cm,冠面高 150 cm～170 cm。成龄树修剪按附录 A 中图 A.4 执行。

8.1.2 幼龄树整形

栽植第 1 年于 100 cm 定干,第 1 年至第 2 年培养基层,夏季放顶至 140 cm;第 3 年培养扩充基层,培养顶层。因植株干性弱,幼龄期需用 1.4m 高的支撑棍绑缚,培养中心主干。1 年生树修剪按附录 A 中图 A.1 执行,2 年生树修剪按附录 A 中图 A.2 执行,3 年生树修剪按附录 A 中图 A.3 执行。

8.2 修剪方法

8.2.1 休眠期修剪

参照 GB/T 19116 执行。

8.2.2 生长期修剪

在 5 月中旬至 7 月上旬,以二次摘心为主,摘心长度 10 cm～15 cm。整个生长期内除萌、抹芽参照 GB/T 19116 执行。

9 土肥水管理

9.1 土壤耕作

参照 GB/T 19116 执行。

9.2 施肥

9.2.1 基肥

9 月下旬至 10 月上旬,距根茎 50 cm 处开 20 cm～30 cm 的深沟,施腐熟的农家肥或有机肥

3 000 kg/667 m²,成龄树添加多元素复合肥 50 kg,幼龄树复合肥为成龄树的 1/3～1/2。

9.2.2 土壤追肥

第 1 次在 4 月 10 日～20 日春季萌芽期,施肥以氮肥为主;第 2 次在 5 月中下旬 2 年生枝坐果期,以磷钾肥为主;第 3 次在 6 月中下旬果实成熟期,以磷钾肥为主。不同时期施用量按 DB64/T 1204 的规定执行。施肥量见表1。

表 1　不同树龄的施肥量

树龄	尿素/(kg/667 m²)	磷酸二氢铵/(kg/667 m²)	农业用硫酸钾/(kg/667 m²)
1 年	18.09～22.61	19.99～24.99	20.51～25.64
2 年	36.18～45.23	39.99～49.99	41.03～51.28
3 年	67.84～84.80	74.98～93.72	76.92～96.15
4 年及以后	101.77～130.03	112.45～143.71	115.38～147.44

9.2.3 叶面追肥

夏、秋果果实初熟后,每隔 15 天用 0.4％磷钾肥与 0.4％钙镁微量元素复合肥交替喷施,共 6 次,喷施方法参照 GB/T 19116 执行。

9.3 灌水

漫灌条件下参照 GB/T 19116 执行;滴灌条件下参照 DB64/T 1204 执行。

10 病虫害防治

萌芽期、春秋抽枝期以防控瘿螨为主;秋果期以防控白粉病为主。具体防治方法与药剂种类及其他病虫害防治参照 DB64/T 1213、DB64/T 851 执行。

11 鲜果采收与制干

11.1 鲜果采收

鲜果采收期采摘间隔 7 d～9 d,预报有雨时可提前采摘以免裂果。

11.2 鲜果制干

热风制干中的烘干温度第一阶段 40 ℃～45 ℃,18 h～20 h;第二阶段 45 ℃～50 ℃,15 h～18 h;第三阶段 55 ℃～65 ℃,14 h。鲜果脱蜡,制干工艺参照 GB/T 19116 执行。

12 包装和贮存

参照 GB/T 19116 执行。

附 录 A

（资料性附录）

两层自然半圆形整形修剪示意图

A.1 1年生树修剪示意图

1年生树修剪见图 A.1。

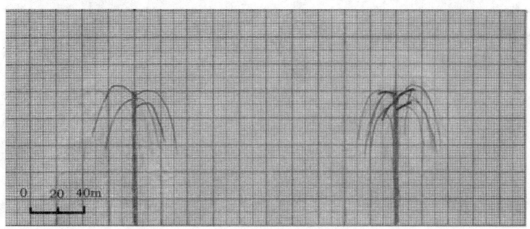

图 A.1 1年生树修剪示意图

A.2 2年生树修剪示意图

2年生树修剪图见图 A.2。

图 A.2 2年生树修剪示意图

A.3 3 年生树修剪示意图

3 年生树修剪见图 A.3。

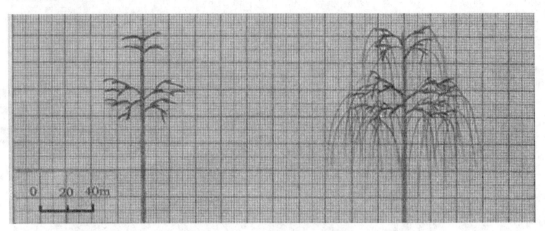

图 A.3 3 年生树修剪示意图

A.4 4 年生树(成龄树)修剪示意图

4 年生树(成龄树)树修剪见图 A.4。

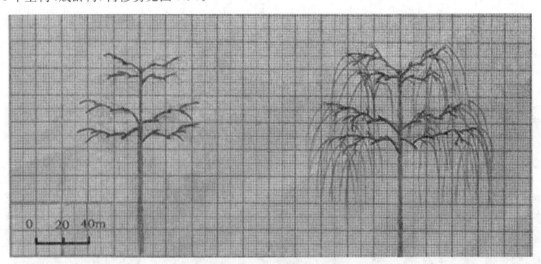

图 A.4 4 年生(成龄树)修剪示意图

ICS 65.020
B 01

DB64

宁 夏 回 族 自 治 区 地 方 标 准

DB64/T 1574—2018

优质枸杞基地建设规范

Specification for construction of high quality base of Lycium

2018-10-18 发布

2019-01-17 实施

宁夏回族自治区市场监督管理厅 发 布

前　言

本标准按照 GB/T 1.1—2009 给出的规则起草。

本标准由宁夏回族自治区林业厅提出并归口。

本标准起草单位:宁夏枸杞产业发展中心、宁夏枸杞协会。

本标准主要起草人:李惠军、祁伟、乔彩云、马利奋、李国民、胡学玲、张雨、王丽琼、王迪、马雅芹。

优质枸杞基地建设规范

1 范围

本标准规定了优质枸杞基地建设的基地规模、生产配套、生产管理、经营管理、效益评价。

本标准适用于宁夏境内优质枸杞基地建设。

2 规范性引用文件

下列文件对于本文件的应用是必不可少的。凡是注日期的引用文件，仅注日期的版本适用于本文件。凡是不注日期的引用文件，其最新版本（包括所有的修改单）适用于本文件。

NY/T 391　绿色食品　产地环境质量

NY/T 1868　肥料合理使用准则　有机肥料

DB64/T 850　枸杞病害防治技术规程

DB64/T 851　枸杞虫害防控技术规程

DB64/T 852　枸杞病虫害监测预报技术规程

DB64/T 1086　绿色食品（A级）宁夏枸杞肥料安全使用准则

DB64/T 1087　绿色食品（A级）宁夏枸杞农药安全使用准则

DB64/T 1204　枸杞水肥一体化技术规程

3 术语和定义

下列术语和定义适用于本文件。

3.1

投入品　inputs

枸杞生产或制干过程中使用或添加的物质。

3.2

有机肥　organic fertilizer

主要来源于植物、动物，经过发酵腐熟的含碳有机物料，其功能是改善土壤肥力、提供植物营养、提高作物品质。

3.3

水肥一体化　cucumber

借助压力系统，将可溶性固体或液体肥料，按土壤养分含量和作物种类的需肥规律和特点，配兑成的肥液与灌溉水一起，通过可控管道系统供水、供肥，使水肥相融后，通过管道和滴头均匀、定时、定量，提供给作物根系发育生长区域。

3.4

危害分析关键控制点　hazard analysis critical control point

生产（加工）安全食品的一种控制手段；对原料、关键生产工序及影响产品安全的人为因素进行分析，确定加工过程中的关键环节，建立、完善监控程序和监控标准，采取规范的纠正措施。

3.5

良好农业规范　good agricultural practice

应用现代农业知识,科学规范农业生产的各个环节,在保证农产品质量安全的同时,促进环境、经济和社会可持续发展。

3.6

全程质量追溯　the whole quality tracking

通过建立二维码等可追溯系统对枸杞及其制品生产、加工、包装、贮运、营销各环节的质量安全数据进行采集和分析,监测和控制产品生命周期内的质量安全。

4　基地规模

连片种植 66.7 hm² 以上。

5　生产配套

5.1　道路及防护林

道路布局、防护林带设置科学合理。

5.2　灌排系统

水利基础配套设施齐全,灌排系统完善。

5.3　电网配备

基地生活、生产电网配套,冗余可靠。

5.4　制干

配备以太阳能、风能、电能、天然气等清洁能源为主的制干设施。

5.5　仓储

机械设备库、农药化肥库、枸杞产品存放库等设施齐全,专库专用,档案规范齐全。

5.6　机械配套

施肥、喷药、除草等机械设备齐全。

5.7　废弃物处置

建有农药、化肥等农业投入品废弃物回收处置区,并制定处置措施。

5.8　良种覆盖率

单品种纯度≥90％,保存率≥90％,良种覆盖率≥90％。

5.9　新技术应用率

新技术应用率≥85％。

5.10 综合机械化率

综合机械化率≥68%。

5.11 树龄及园貌

树龄3年以上,树体健壮,园貌整齐,缺株断带≤10%。

6 生产管理

6.1 生产标准

制定企业标准(通过备案)或严格执行国家、行业、地方、团体等标准,生产经营档案完整规范。

6.2 生产计划

建立月度生产计划和年度生产计划制度,并按计划实施。

6.3 投入品管理

生产环境参照NY/T 391执行;生产投入品按照DB64/T 1086、DB64/T 1087执行;档案资料完整规范(投入品采购有手续,使用有规范,使用方法、使用时间和使用剂量等记录详实)。

6.4 病虫害防治

病虫害监测应按照DB64/T 852执行,成立防治队伍,防治按照DB64/T 850、DB64/T 851执行,制定防治技术手册,建立防治档案,配备防治机械。

6.5 水肥管理

按照DB64/T 1204的规定,推广水肥一体化技术或实施节水灌溉,有机肥使用按照NY/T 1868执行,编制设施灌溉技术规范手册。

6.6 科技应用与示范

技术依托主体明确;新技术、新成果应用转化效果显著;与科研院所建立紧密的合作机制,共同(单独)承担国家、自治区级科技项目等。

6.7 档案建立及管理

文书、科技、财务、人事等档案健全;专人、专档、专账管理,记录规范;纸质版和电子版档案保存≥5年。

7 经营管理

7.1 制度建设

依据国家现行相关法律、法规,建立健全财务制度、生产经营管理制度、培训制度、安全生产制度、市场营销制度、质量安全检测制度和产品召回制度。

7.2 人才团队

自建或合作共建枸杞科研平台;柔性或刚性引进人才,并建立科技推广与创新人才团队。

7.3 质量认证

通过国家质量管理、食品安全、环境保护等体系认证或危害分析关键控制点认证;取得"三品一标"或良好农业规范认证。

7.4 质量检测

拥有完备的质量管理体系;配备质量检测人员、检测设备,质量检测合格(有资质单位出具的检测结果),质量检测档案健全规范。

7.5 质量追溯

建立产品质量追溯体系。

7.6 信息化系统

建立完善的信息化系统,具备信息化管理能力。

7.7 品牌建设

拥有自主品牌,注册商标 3 年以上,是中国驰名商标或宁夏知名品牌。

7.8 市场营销

建立营销团队(机构),制定营销(策划)方案,获得产品出口权或在区外设立直销窗口。

7.9 宣传推介

开展媒体宣传;每年参加产业主管部门或行业协会组织的国内外宣传推介、展示展销活动等。

7.10 技术培训

培训计划、培训资料、培训档案健全规范,技术示范覆盖率≥95%。

8 效益评价

8.1 产值增长率

近三年平均产值年增长率≥10%。

8.2 带动力

引领周边农户共同发展,带动力强,用工记录等档案资料规范、齐全。

8.3 影响力

受到省部级以上或全国性行业协会表彰;是自治区枸杞产业主管部门认可的自治区级行业协会会员单位或全国性行业协会会员单位。

8.4 质量安全评价

产品连续三年通过国家法定质量检验机构产品检验,三年内未出现重大质量和安全责任事故。

8.5 信誉度评价

产品、服务、竞争、财务、商业、银行等信誉良好。

———————————

五、病虫害防治标准

ICS 65.020
B 05

DB64

宁夏回族自治区地方标准

DB64/T 554—2009

枸杞红瘿蚊地膜覆盖防治操作技术

Prevention and control technology of plastic film mulching for *Jaapiella* sp.

2009-07-28 发布

2009-07-28 实施

宁夏回族自治区质量技术监督局　发　布

前　言

本标准按照 GB/T 1.1—2009 给出的规则起草。

本标准由宁夏农林科学院提出。

本标准由宁夏回族自治区林业局归口。

本标准起草单位：宁夏农林科学院植物保护研究所、宁夏农林科学院种质资源研究所、中宁县科学技术局、宁夏农林科学院枸杞工程技术研究中心。

本标准主要起草人：李锋、李秋波、孙海霞、王劲松、李振永、安巍、田建华、康本国、黄博、马建国、刘春光、仵均祥、魏淑花。

枸杞红瘿蚊地膜覆盖防治操作技术

1 范围

本标准规定了枸杞红瘿蚊地膜覆盖防治技术的适宜条件和覆膜技术。
本标准适用于宁夏枸杞生产中遭受枸杞红瘿蚊危害的枸杞园。

2 术语和定义

下列术语和定义适用于本文件。

2.1
枸杞红瘿蚊

枸杞红瘿蚊属双翅目瘿蚊科,是枸杞生产中的主要害虫之一。在宁夏每年约发生6代,秋季以末代老熟幼虫在土中结土茧越冬,次年枸杞现花蕾时,越冬代枸杞红瘿蚊羽化为成虫出土产卵于花蕾中,孵化幼虫危害幼蕾。其世代发育过程主要在土壤和幼蕾、子房、果中完成,因受到屏蔽保护作用而防治难度增加,所形成的危害较大。

2.2
越冬代成虫

老熟幼虫在土中结土茧、化蛹越冬,春季羽化出土的成虫。

2.3
地膜

用于农作物覆盖栽培的厚度不大于0.02 mm的塑料薄膜。

2.4
地膜残留

地膜覆盖后在农田土壤中残存的地膜碎片。

2.5
地膜覆盖防治技术

以枸杞红瘿蚊地下虫态为防治对象,通过地面覆膜,将枸杞红瘿蚊越冬代成虫封闭于膜下的土中,消灭成虫。

3 适宜条件

宁夏枸杞产区,北纬36°45′～39°30′、东经105°16′～106°80′,年平均气温8.7 ℃左右,大于等于10 ℃有效积温2 497.8 ℃左右;年均日照时数2 946.7 h左右。
适宜土壤类型为黑垆土、灌淤土、淡灰钙土、灰钙土等适宜种植枸杞的土壤。

4 覆膜技术

4.1 覆膜时期

以枸杞枝条芽眼出现萌芽的物候期作为始覆膜期(4月中旬),最迟不宜迟于现蕾。枸杞红瘿蚊越冬代成虫羽化出土前覆膜,5月中旬前后成虫羽化结束后撤膜,覆膜时期为1月左右。

4.2 覆膜材料

4.2.1 覆膜材料种类

覆膜材料用普通地膜、除草膜和微膜均可。

4.2.2 覆膜材料宽度

覆膜材料宽度因栽植方式不同而异。株行距为 1 m×2 m 枸杞园覆膜材料选用 90 cm 幅宽;株行距为 1 m×3 m 枸杞园覆膜材料选用 120 cm 幅宽。

4.2.3 覆膜材料厚度

覆膜材料的厚度在 0.008 mm 以上。

4.2.4 覆膜用量

视膜材料的种类和厚度不同,每 667 m² 用 5.5 kg 以上。

4.3 覆膜操作要求

4.3.1 覆膜前准备

枸杞园完成修剪、清园、整地,去除地表的大土块、杂草和杂物,做到田地平整。

4.3.2 覆膜要求

覆膜时,选 3 级以下微风或无风天气,以树行为中线沿树行两侧的树冠下同时进行。覆膜取土选择树冠下超出树冠垂直投影之外的 15 cm~20 cm,将树行两侧相近的膜的内侧边,拉拢叠连到一起,重叠宽度 5 cm~10 cm,并用土压实。两侧膜靠近行间的外侧边,埋入预先挖好的深 20 cm 的小沟内,以土压实。行间留 15 cm~20 cm 走道,确保膜对地面的最大覆盖。操作中,对膜材料应轻拿、轻放、轻拉,使薄膜紧贴地面,膜两边及膜面隔一定间距用土压实,宜大面积连片统一覆膜防治。(见图1)

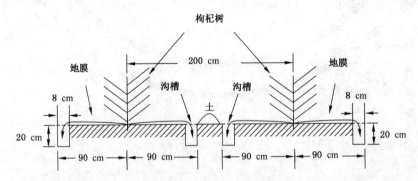

图1 地膜覆盖平面示意图(枸杞株行距 1 m×3 m 条件下覆膜参照此图)

4.3.3 覆膜取土要求

覆膜过程中,用于压实地膜的取土操作选择树冠在地面的垂直投影范围之外的行间土壤作为取土区。

4.3.4 撤膜要求

撤膜时,从树行一头揭起膜的一端,轻轻拉至另一端,边拉边抖动膜上浮土,并将膜卷起。在撤膜回收后再次利用。

枸杞红瘿蚊地膜覆盖防治技术在田间连续数年长期使用,会出现残存地膜现象。应对土壤中地膜残留情况进行适时监测。

4.4 覆膜间隔期要求

枸杞红瘿蚊轻度发生(小于 5 个虫果/枝条),隔年采用地膜覆盖防治枸杞红瘿蚊危害中度发生(多于 5 个虫果/枝条),连年采用地膜覆盖防治间隔时间可选择间隔 1 年或 2 年覆膜防治 1 次。

————————

ICS 65.020
B 05

DB64

宁 夏 回 族 自 治 区 地 方 标 准

DB64/T 555—2009

枸杞蓟马诱粘防治操作技术

Prevention and control technology of sticky traps on Lycium thrips

2009-07-28 发布　　　　　　　　　　　　2009-07-28 实施

宁夏回族自治区市质量技术监督局　发 布

前　言

本标准按照 GB/T 1.1—2009 给出的规则起草。

本标准由宁夏农林科学院提出。

本标准由宁夏回族自治区林业局归口。

本标准起草单位：宁夏农林科学院植物保护研究所、宁夏农林科学院种质资源研究所、中宁县科学技术局、宁夏农林科学院枸杞工程技术研究中心、宁夏中宁大红枸杞科技服务有限公司。

本标准主要起草人：李锋、李秋波、刘春光、孙海霞、安巍、李振永、王劲松、黄博、马建国、吴韶寰、田建华、康本国、仵均祥。

枸杞蓟马诱粘防治操作技术

1 范围

本标准规定了枸杞蓟马诱粘防治技术的适宜范围和操作技术。

本标准适用于宁夏枸杞生产中遭受枸杞蓟马危害的枸杞园。

2 规范性引用文件

下列文件对于本文件的应用是必不可少的。凡是注日期的引用文件,仅注日期的版本适用于本文件。凡是不注日期的引用文件,其最新版本(包括所有的修改单)适用于本文件。

DB64/T 500 有机枸杞生产技术规程

3 术语和定义

下列术语和定义适用于本文件。

3.1 枸杞蓟马

3.1.1 生活习性

枸杞蓟马以成虫在枯叶、落果的皱痕等隐藏处越冬。次年春季枸杞展叶后即活动为害,6月～7月害情最重,喜食枸杞果实,常数十只爬行在果实背光的一侧表面,也藏匿于开放的花朵中,有时蛰伏在嫩叶背面危害。枸杞蓟马极为活跃,对光敏感,一触即飞。降雨后,枸杞蓟马翅膀易受潮,其能力下降。

3.1.2 危害症状

枸杞蓟马以成虫、若虫锉吸枸杞叶片、果实。在叶背面危害,形成微细的白色斑驳,排泄的粪便呈黑褐色污点,密布叶背,被害叶略呈纵向卷缩,形成早期落叶、脱落,严重影响树势;果实被害后,常失去光泽,表面粗糙有斑痕,果形萎缩,甚至造成落果。

3.2 诱粘防治

根据枸杞蓟马的趋性、活跃性等生物学习性及其对光、色等诱粘因素的反应规律,应用诱粘因子制作的相关诱捕防治设施,通过诱捕防治设施发挥诱集和粘捕作用,改变其诱粘环境,利用这些特点把枸杞蓟马消灭在大发生之前。

3.3 诱粘板

根据枸杞蓟马的趋性、活跃性等生物学习性及其发生规律,利用枸杞蓟马对颜色的趋性及其行为机制,制作的具有诱集粘捕枸杞蓟马的、悬挂于田间的诱粘防治设施。

3.3.1 表面颜料

指用来将诱粘板表面涂刷成特定颜色的物质。

3.3.2 表面粘性剂

指涂刷于诱粘板表层、用于粘捕枸杞蓟马的特定材料。

3.4 行间中准线

两行枸杞树之间与两行枸杞树等距的中间线。

4 适宜条件

应符合 DB64/T 500 的要求。

5 枸杞蓟马诱粘防治操作技术

5.1 诱粘板悬挂防治时期

5月下旬以五点法先在枸杞园对角线式悬挂5块指示性诱粘板,6月上旬前后发现任何一张诱粘板上面有枸杞蓟马时,进行全园悬挂,直至10月下旬枸杞蓟马种群进入越冬期结束。

5.2 诱粘板悬挂数量

株行距为1 m×1.8 m和1 m×2 m的枸杞园,每667 m²悬挂80块;1 m×2.2 m和1.2 m×2.4 m的枸杞园,每667 m²悬挂70块;1 m×3 m以上栽植密度的枸杞园,每667 m²悬挂60块。

5.3 不同树龄的诱粘板规格(见表1)

表1 不同树龄的诱粘板规格

枸杞树龄/年	诱粘板规格/[长(cm)×宽(cm)]
2	20×30
3～4	25×40
≥5	30×40

5.4 诱粘板悬挂方向

将诱粘板南北向悬挂于枸杞园。

5.5 诱粘板悬挂布局

诱粘板在枸杞园采用棋盘式分布。

5.6 诱粘板悬挂方法

枸杞蓟马诱粘板防治方法有行走惊扰式动态防治和悬挂固定式静态防治两种。其中,悬挂固定式静态防治因枸杞园树行走向的不同又分为树行南北走向和树行东西走向两种方法,以保持诱粘板南北向悬挂于枸杞园,达到最好的受光率,实现最佳的控制效果。

5.6.1 行走惊扰式动态防治

于晨5:30—10:30前,用双手拿着诱粘板在枸杞园的行间行走,诱粘板的高度与枸杞树冠等高,边走边用手拨动枸杞树冠,驱使枸杞蓟马受惊扰向树冠外扩散,扩散中的枸杞蓟马被诱粘板粘附,达到动态防治目的。

5.6.2 悬挂固定式静态防治

5.6.2.1 树行南北走向

树行南北走向的枸杞园,选择坚实均匀的竹(木)细棍作为支撑固定木桩。沿每两行枸杞树的行间中准线,在行间中准线两端的地头及其1/2处的行间,分别埋入1个木桩,每行共埋入3个木桩,将土压实。先将悬挂绳固定于行间中准线1/2处的木桩上,再将悬挂绳的两端分别栓系在行间中准线两端地头的木桩上,形成与树行平行、南北走向的3桩一线。悬挂绳的高度保持在枸杞树冠的顶部之上,离枸杞树冠顶部的垂直距离与诱粘板长边的长度相等。用8号铅丝做成"S"型钩子,钩子的一端挂在诱粘板上,每块诱粘板挂2个钩子,钩子的另一端挂在悬挂绳上。使诱粘板垂直于地面,诱粘板的走向与树行走向同向,诱粘板的底边与枸杞树冠的顶部等高。以后诱粘板悬挂的高度随枸杞树龄的增大和树冠的增高而升高。

5.6.2.2 树行东西走向

树行东西走向的枸杞园,选择坚实均匀的竹(木)细棍作为支撑固定木桩。沿枸杞园的南、北两条边按一定的距离间隔埋入木桩,间隔距离根据枸杞园的地块形状确定,具体以每亩能悬挂60块～80块诱粘板来设置间隔距离。将悬挂绳的两端分别栓系在南、北两条边上相对应的木桩上,使悬挂绳的走向垂直于树行的走向。东西长、南北短的枸杞园,在悬挂绳的中间增加木桩1个～2个,东西短、南北长的枸杞园,在悬挂绳的中间增加木桩2个～3个,用以固定和支撑悬挂绳及诱粘板,形成与树行垂直、南北走向的多桩一线。悬挂绳的高度保持在枸杞树冠的顶部之上,离枸杞树冠顶部的垂直距离与诱粘板长边的长度相等。将"S"型钩子的一端挂在诱粘板上,每块诱粘板挂2个钩子,钩子的另一端挂在悬挂绳上。诱粘板悬挂枸杞树冠正上方,诱粘板走向与悬挂绳方向平行、与树行走向垂直,底边与枸杞树冠的顶部等高。以后诱粘板悬挂的高度随枸杞树龄的增大和树冠的增高而升高。

5.7 诱粘板的保养

5.7.1 诱粘板的虫尸处理

每5天检查1次诱粘板上的枸杞蓟马虫口,在枸杞园使用10 d～15 d的诱粘板,当粘虫面积占板表面积的60%以上时,刮除虫子后,用清洁球或清水洗刷1次～2次,不必再次涂刷新的粘虫胶或粘性剂,继续使用。

5.7.2 诱粘板的保养

在枸杞园悬挂1个月后,为保持其诱粘效果,用清洁球加清水洗刷1次～2次,不必再次涂刷新的粘虫胶或粘性剂,继续使用。在风沙大而频繁的种植区,诱粘板被沙尘覆盖后失去粘性时,可以用汽油将混有沙尘的粘虫胶或粘性剂清洗净,再次涂刷上一层新的粘虫胶或粘性剂后继续使用。

5.7.3 诱粘板的更新

使用纸板作基板的诱粘板,表面以水溶性颜料进行颜色处理的,在风沙大而频繁的种植区,诱粘板被风沙覆盖后失去粘性,或被雨水冲蚀浸泡后,应更换新的基板,并重新进行颜色处理和表面粘性剂的涂刷处理。

5.8 辅助措施

5.8.1 反复使用后日晒、老化、卷曲的诱粘板,应回收集中处理。

5.8.2 该诱粘防治技术可与其他综合防治措施配合使用。

5.8.3 实施该诱粘防治技术的枸杞园,在进行其他农事操作时,应避免触碰木桩、悬挂绳和诱粘板。

ICS 65.020
B 16

DB64

宁 夏 回 族 自 治 区 地 方 标 准

DB64/T 852—2013

枸杞病虫害监测预报技术规程

Technical regulation for monitoring and forecasting of
diseases and insects of Lycium

2013-04-16 发布

2013-04-16 实施

宁夏回族自治区质量技术监督局　发 布

前　言

本标准按照 GB/T 1.1—2009 给出的规则起草。

本标准由宁夏农林科学院提出。

本标准由宁夏回族自治区林业局归口。

本标准起草单位:宁夏农林科学院植物保护研究所、宁夏葡萄花卉产业发展局、宁夏中宁县枸杞产业管理办公室。

本标准主要起草人:张蓉、何嘉、孙海霞、丁婕、王少东、李瑞鹏、马新生、陈清平、谢施祎。

枸杞病虫害监测预报技术规程

1 范围

本标准规定了枸杞病虫害监测预报技术的术语和定义、监测对象、发生规律、监测方法和预测预报。本标准适用于枸杞病虫害的监测预报。

2 术语和定义

下列术语和定义适用于本文件。

2.1

五点取样法

点状取样法中常用方法，适合密集的或成行的植物，害虫分布为随机分布型的情况，可按一定面积、一定长度或一定植株数量选取样点。

2.2

预测预报

通过病虫害发生情况调查，根据病虫害发生发展规律，结合当地历年有关资料及当年具体情况，预测病虫害发生发展的趋势，对病虫害的发生期、发生量进行预见性的分析，根据分析结果发布预报信息。

2.3

样点

能够反映当地病虫害数量分布状况和危害程度而设立的有代表性的田间调查区域。

2.4

GPS

全球定位系统（global positioning system）的简称。

2.5

ArcGIS

应用于自然资料管理、城市规划/建设、土地利用、测绘/制图、设施管理、石油/地质、环境保护、电力/电信、交通运输及高等教育等诸多领域的一种地理信息系统软件。

2.6

Access

微软把数据库引擎的图形用户界面和软件开发工具结合在一起的一个数据库管理系统。

2.7

地统计学

在地质分析和统计分析相互结合的基础上形成的一套分析空间相关变量的理论和方法，它以区域化变量为基础，以半变异函数为主要工具，研究在空间分布上既有随机性又有结构性的自然现象。

2.8

普通克立格插值

以半变异函数理论和结构分析为基础，在有限区域内对区域化变量进行无偏最优估计的一种空间插值方法。

2.9

随机取样法

根据随机原理,利用随机数字表或计算机(器)产生的随机数确定取样位置。

3 监测对象

3.1 主要监测对象形态特征及识别见附录 A。

3.2 主要监测对象是:

    a) 枸杞蚜虫(*Aphis* sp.);

    b) 枸杞木虱(*Paratrioza sinica* Yang et Li);

    c) 枸杞负泥虫(*Lema decempunctata* Gebler);

    d) 枸杞瘿螨(*Aceria palida* Keifer);

    e) 枸杞锈螨(*Aculops lycii* Kuang);

    f) 枸杞红瘿蚊(*Jaapiella* sp.);

    g) 枸杞实蝇(*Neoceratitis asiatica* Becker);

    h) 枸杞蓟马:印度裸蓟马(*Lsilothrips indicus* Bhatti),花蓟马(*Franlliniella intonsa* Trybon),华简管蓟马(*Haplothrips chinenaia* Priesener),稻简管蓟马(*Haplothrips aculeatus* Facricius);

    i) 枸杞炭疽病(*Colletotrichum gloeosporioides* Penzg);

    j) 枸杞白粉病(*Arthrocladiella mougeotii* var. *polysporae* Z. Y. Zhao)。

4 主要病虫害发生规律

4.1 枸杞蚜虫

以卵在枸杞枝条缝隙及芽眼内越冬,翌年 3 月中下旬卵孵化,孤雌胎生,繁殖 2 代～3 代后出现有翅胎生蚜,迁飞扩散,危害叶片、嫩芽、花蕾、青果。在宁夏 4 月上旬开始活动,发育起点温度为 8.91 ℃,完成 1 个世代需有效积温 88.36 日度,完成 1 个世代发育天数最长 12 d,最短 5 d,平均 8.75 d,每年发生约 19.65 代。第 1 次高峰期在 5 月下旬至 7 月中旬,第 2 次高峰期在 8 月中旬至 9 月中旬。

4.2 枸杞木虱

年发生 3 代～4 代,以成虫在土块、树干上及附近墙缝间、枯枝落叶层越冬,于 3 月下旬开始出现,至 6 月、7 月卵、若虫、成虫盛发,8 月～9 月达到发生高峰期。

4.3 枸杞负泥虫

年发生 3 代～4 代,4 月下旬成虫开始交尾产卵,5 月中旬各虫态可见。以成虫、幼虫取食叶片,造成不规则的缺刻或孔洞,后残留叶脉。受害轻的叶片被排泄物污染,影响生长和结果;严重的叶片、嫩梢被害,影响产量和质量。幼虫老熟后入土吐白丝粘和土粒结成土茧,化蛹于其中越冬。

4.4 枸杞瘿螨

年发生 8 代～12 代,主要危害叶片、嫩梢、花瓣、花蕾和幼果,被害部位呈紫色或黑色痣状虫瘿。气温 5 ℃以下,以雌成螨在当年生枝条的越冬芽、鳞片内以及枝干缝隙越冬;4 月上中旬越冬成螨开始活动,或有木虱成虫等携带传播,气温 20 ℃左右瘿螨活动活跃,5 月上旬至 6 月上旬和 8 月下旬至 9 月中旬是瘿螨发生的两个高峰期。

4.5 枸杞锈螨

年发生 17 代,以成螨在枝条芽眼、叶痕等隐蔽处越冬,常数虫至更多的虫体群聚。4 月中下旬枸杞发芽后即爬到新芽上为害并产卵繁殖,随着展叶便集于叶面为害,6 月～7 月为为害盛期,叶面遍布螨体呈锈粉状。被害叶片变厚质脆,呈锈褐色于 7 月上旬早落,之后转移到秋叶进行危害,为害至 10 月中旬进入越冬场所。

4.6 枸杞红瘿蚊

年发生 4 代～6 代,9 月下旬以老熟幼虫在土壤中越冬,翌年春季化蛹,4 月中旬枸杞现蕾时成虫从土里羽化,直接产卵于幼蕾顶部内,卵孵化后,幼虫蛀食子房,被害花蕾呈桃形的畸形果,脱落,成熟幼虫从畸形果中钻出,弹落到地面,入土化蛹。

4.7 枸杞实蝇

年发生 2 代～3 代,以蛹在土内约 5 cm～10 cm 处越冬。翌年 5 月上旬枸杞开花时,成虫羽化,下旬成虫大量出土,产卵于幼果皮内。一般每果产 1 粒卵,约数日后幼虫孵出,食害果肉。6 月下旬至 7 月上旬幼虫生长成熟,即由果内钻出,触首尾弯曲弹跳落地,约在 3 cm～6 cm 深处入土化蛹。7 月中下旬,大量羽化出第 2 代成虫,8 月下旬至 9 月上旬为第 3 代成虫盛期,第 3 代幼虫即在土内化蛹蛰伏越冬(也有部分第 1 代及第 2 代幼虫化蛹后即蛰伏越冬)。

4.8 枸杞蓟马

年发生 10 代～18 代,世代重叠,成虫和若虫群集于叶片、花冠筒内和果实上为害,6 月～7 月采果盛期也是蓟马危害的盛期。蓟马在叶上危害形成微细的白色斑驳,并排泄粪便呈黑色污点密布叶背,被害叶略呈纵向反卷,早期落叶;在花冠筒中取食花蜜,造成落花;在果实上形成纵向不规则斑纹,鲜果失去光泽,颜色发暗,不易保存,干果颜色发黑。

4.9 枸杞炭疽病

初侵染源是树体和地面越冬的病残果,越冬菌态是病组织内的菌丝体和病残果上的分生孢子,病菌分生孢子主要借风、雨水传播,可多次侵染。病原菌发生的温度范围是 15 ℃～35 ℃,最适宜温度是 23 ℃～25 ℃;最适宜湿度是 100%。当湿度低于 75.6% 时病原菌孢子萌发受阻,干旱不利于病原菌的发病及流行。一般 5 月中旬至 5 月下旬开始发病,6 月中旬至 7 月中旬为高峰期,遇连阴雨病害流行速度快,雨后 4 h 孢子萌发,遇大降雨时,2 d～3 d 内造成全园受害,常年可造成减产损失 20%～30%,严重时可达 80%,甚至绝收。青果染病初在果面上生小黑点或不规则褐斑,遇连阴雨病斑不断扩大,半果或整果变黑,湿度大时,病果上长出很多桔红色胶状小点;嫩枝、叶尖、叶缘染病产生褐色半圆形病斑,扩大后变黑,湿度大呈湿腐状,病部表面出现胶状桔红色小点,即病原菌的分生孢子盘和分生孢子。

4.10 枸杞白粉病

病菌以闭囊壳随病组织在土表面及病枝梢的冬芽内越冬,翌年春季开始萌动,在枸杞开花及幼果期侵染引起发病,6 月下旬至 9 月下旬发生,8 月～9 月发生严重。感病后天气干燥、日夜温差大有利于此病的传播扩散。主要危害叶片。叶面覆满白色霉斑(初期)和粉斑(后期),严重时枸杞植株外观呈一片白色,终致叶片逐渐变黄,易脱落。

5 监测方法

枸杞主要害虫田间发生情况调查表见附录 B。选择不同类型的具有代表性的枸杞栽培区(灌区、山区)作为调查地点,每样区 6 670 m²～10 005 m²。

5.1 枸杞蚜虫

5.1.1 调查时间

4 月上旬～9 月下旬,每隔 5 d 调查 1 次。

5.1.2 调查方法

采用 5 点取样法,每点随机调查 2 株,每株在东、西、南、北、中 5 个方位上随机抽取 1 个枝条,调查记录每枝条顶梢 30 cm 范围内枸杞蚜虫的虫态(卵、若蚜、无翅成蚜、有翅成蚜)和虫口数量。

5.2 枸杞木虱

5.2.1 调查时间

3 月下旬至 9 月下旬,每隔 5 d 调查 1 次。

5.2.2 调查方法

同 5.1.2。

5.3 枸杞负泥虫

5.3.1 调查时间

4 月下旬至 8 月下旬,每隔 5 d 调查 1 次。

5.3.2 调查方法

同 5.1.2。

5.4 枸杞瘿螨

5.4.1 调查时间

4 月上旬～9 月下旬,每隔 5 d 调查 1 次。

5.4.2 调查方法

采用 5 点取样法,每点随机调查 2 株,每株分别在东、西、南、北、中 5 个方位上随机抽取 1 枝条,按照螨害分级标准,调查梢部 25 片叶上螨害发生程度。计算螨情指数。

5.4.3 为害分级标准

为害分级标准如下:
a) 0 级:无为害;
b) 1 级:有 1 个～2 个小于 1 mm 虫瘿斑;
c) 3 级:有 2 个～3 个大于 1 mm 虫瘿斑;
d) 5 级:有 3 个～4 个或多个 2 mm 以下虫瘿斑;
e) 7 级:有 2 mm 以上虫瘿斑;
f) 9 级:有致畸叶片或嫩枝。

5.4.4 螨害指数计算方法

螨害指数按式(1)计算：

$$螨害指数=\frac{\sum(各级被害叶片数\times相对的级数值)}{调查总叶数\times9}\times100 \quad\cdots\cdots\cdots\cdots\cdots(1)$$

5.5 枸杞锈螨

5.5.1 调查时间

4月下旬～9月下旬,每隔5 d调查1次。

5.5.2 调查方法

同5.4.2。

5.5.3 为害分级标准

为害分级标准如下：

a) 0级:无为害,叶色正常;

b) 1级:叶面呈铁锈色面积占整个叶面积的5%以下;

c) 3级:叶面呈铁锈色面积占整个叶面积的6%～10%;

d) 5级:叶面呈铁锈色面积占整个叶面积的11%～25%;

e) 7级:叶面呈铁锈色面积占整个叶面积的26%～50%;

f) 9级:叶面呈铁锈色面积占整个叶面积的50%以上。

5.5.4 平均螨害级别的计算方法

螨害指数按式(2)计算:

$$螨害指数=\frac{\sum(各级被害叶片数\times相对的级数值)}{调查总叶数\times9}\times100 \quad\cdots\cdots\cdots\cdots\cdots(2)$$

5.6 枸杞红瘿蚊

5.6.1 调查时间

5.6.1.1 越冬虫量调查:4月上旬至4月下旬,每隔5 d调查1次。

5.6.1.2 生长期调查:5月上旬至8月下旬,每隔5 d调查1次。

5.6.2 越冬虫量调查方法

5.6.2.1 采用5点取样法,每点随机调查2株,在每棵枸杞树冠垂直覆盖区内选点,取距土表5 cm～15 cm深度范围内的土样,样方为10 cm×10 cm×10 cm,做好标签,倒入大于100目的筛盘内,放在水龙头下用水冲洗并不断晃动,至筛盘内所有的土全部冲去,将残留物拍到白纸上,检出红瘿蚊的蛹,判断其成活力,活蛹虫体饱满且深黄色至棕黄色,死蛹虫体干瘪、深褐色至黑色。根据活蛹的数量,换算成667 m²的虫口数。

5.6.2.2 每667 m²预计发生数量(头/667 m²)=(每667 m²所调查样方存活总虫口数/样方数)×(667 m²/样方表面积 m²)。

5.6.2.3 成活率按式(3)计算:

$$成活率=每667\ m²活蛹数量/每667\ m²总蛹数\times100\% \quad\cdots\cdots\cdots\cdots\cdots(3)$$

5.6.3 生长期调查方法

5.6.3.1 采用 5 点取样法,每点随机调查 2 株,每株在东、西、南、北、中五个方位上随机抽取 1 个枝条,调查记录每枝条上的总蕾数和虫蕾数。

5.6.3.2 虫蕾率按式(4)计算:

$$虫蕾率 = 虫蕾数/总蕾数 \times 100\%\qquad\cdots\cdots\cdots\cdots\cdots\cdots(4)$$

5.7 枸杞实蝇

5.7.1 调查时间

5.7.1.1 越冬虫量调查:4 月上旬至 5 月上旬,每隔 5 d 调查 1 次。

5.7.1.2 生长期调查:6 月上旬至 9 月下旬,每隔 5 d 调查 1 次。

5.7.2 越冬虫量调查方法

同 5.6.2。

5.7.3 生长期调查方法

5.7.3.1 采用 5 点取样法,每点随机调查 2 株,每株在东、西、南、北、中 5 个方位上随机抽取 1 个枝条,调查记录每枝条上的总果数和虫果数。

5.7.3.2 虫果率按式(5)计算:

$$虫果率 = 虫果数/总果数 \times 100\%\qquad\cdots\cdots\cdots\cdots\cdots\cdots(5)$$

5.8 枸杞蓟马

5.8.1 调查时间

5 月上旬至 9 月下旬,每隔 5 d 调查 1 次。

5.8.2 调查方法

采用 5 点取样法,每点随机调查 2 株,每株在东、西、南、北、中 5 个方位上随机抽取 1 个枝条,在 20 cm×30 cm 的白瓷盘上拍打数下,观察记录盘中枸杞蓟马的虫态和虫口数量。

5.9 枸杞炭疽病

5.9.1 调查时间

5 月上旬至 8 月下旬,一般每隔 5 d 调查 1 次,雨后每隔 2 d 定点调查 1 次,青果期雨后每隔 1 天定点调查 1 次。

5.9.2 调查方法

采用 5 点取样法,每点随机调查 2 株,每株在东、西、南、北、中五个方位上随机抽取 1 个枝条,按照病害分级标准,分别调查 25 叶片和 25 粒果。

5.9.3 分级标准和病情指数计算方法

5.9.3.1 枸杞炭疽病叶片分级标准:

    a) 0 级:无病斑,叶色正常;

b) 1级:病斑面积占整个叶面积的5%以下;
c) 3级:病斑面积占整个叶面积的6%~10%;
d) 5级:病斑面积占整个叶面积的11%~25%;
e) 7级:病斑面积占整个叶面积的26%~50%;
f) 9级:病斑面积占整个叶面积的51%以上。

5.9.3.2 病情指数按式(6)计算:

$$病情指数 = \frac{\sum(各级病叶数 \times 相对的级数值)}{调查总叶数 \times 9} \times 100 \quad\quad\quad (6)$$

5.9.3.3 枸杞青果期炭疽病分级标准:
a) 0级:无病;
b) 1级:病斑面积占整个青果面积的5%以下;
c) 3级:病斑面积占整个青果面积的6%~10%;
d) 5级:病斑面积占整个青果面积的11%~25%;
e) 7级:病斑面积占整个青果面积的26%~50%;
f) 9级:病斑面积占整个青果面积的51%以上。

5.9.3.4 病情指数按式(7)计算:

$$病情指数 = \frac{\sum(各级病叶数 \times 相对的级数值)}{调查总叶数 \times 9} \times 100 \quad\quad\quad (7)$$

5.10 枸杞白粉病

5.10.1 调查时间

6月下旬至9月下旬,通常每隔5 d调查1次,雨后每隔2 d定点调查1次。

5.10.2 调查方法

同5.9.2。

5.10.3 分级标准

分级标准如下:
a) 0级:无病;
b) 1级:病斑占整个叶面积的5%以下;
c) 3级:病斑占整个叶面积的6%~10%;
d) 5级:病斑占整个叶面积的11%~25%;
e) 7级:病斑占整个叶面积的26%~50%;
f) 9级:病斑占整个叶面积的51%以上。

5.10.4 病情指数

按式(8)计算:

$$病害指数 = \frac{\sum(各级病叶数 \times 相对的级数值)}{调查总叶数 \times 9} \times 100 \quad\quad\quad (8)$$

6 预测预报

6.1 样点布设

根据枸杞种植分布,用非网格法布设采样点,在病虫害发生地区域划分的基础上进行调查线路规划,线路应穿越调查区内所有主要的地貌单元和作物类型。利用GPS进行经纬度和海拔的空间定位,样地间距离不大于 3 km。

6.2 数据采集

根据系统监测结果,在病虫害始发期对样点进行数据采集,病虫害调查方法见第5章。

6.3 属性数据库和空间数据库的建立

基于 ACCESS 平台建成属性数据库,主要字段有调查样点的编号、经纬度、海拔、地形、地貌、天敌及害虫虫口数量、病情指数等。空间数据库包括研究区域行政区划、地形、地貌、数字高程、土地利用、气候因子等。

6.4 发生量预测方法

6.4.1 区域化预测

基于 ArcGIS 软件地统计学模块,采用普通克立格插值进行空间模拟,形成枸杞地病虫害发生和预测图,确定发生分布范围及重发地的位置,计算病虫害不同发生程度的发生面积。

6.4.2 经验预测

根据区域化预测结果,结合枸杞地同一区域历年病虫害发生规律,分析该病虫害发生与生物、气候的关系,预测中短期内病虫害的发生量和发生程度。

附 录 A
（资料性附录）
枸杞主要害虫形态特征及识别

A.1.1 枸杞蚜虫（*Aphis* sp.）

俗称蜜虫、油汗。有翅胎生蚜,体长 1.7 mm～2.2 mm,头、触角、中后胸黑色,复眼黑红色,前胸绿色,腹部深绿色;无翅胎生蚜,体长 1.5 mm～1.9 mm,色淡黄色至深绿色。

A.1.2 枸杞木虱（*Paratrioza sinica* Yang et Li）

成虫体长 3.75 mm,翅展 6 mm,形如小蝉,全体黄褐至黑褐色具橙黄色斑纹。腹部背面褐色,近基部具 1 蜡白色横带,十分醒目,是识别该虫重要特征之一。翅透明,脉纹简单。成虫常以尾部左右摆动,在田间能短距离疾速飞跃,腹端分泌蜜汁。卵长 0.3 mm,长椭圆形,橙黄色,具 1 细如丝的柄,固着在叶上。若虫扁平,固着在叶上,如似介壳虫。末龄若虫体长 3 mm,宽 1.5 mm。

A.1.3 枸杞负泥虫（*Lema decempunctata* Gebler）

成虫体长 4.5 mm～5.8 mm,宽 2.2 mm～2.8 mm,全体头胸狭长,鞘翅宽大,鞘翅黄褐至红褐色,每个鞘翅上有近圆形的黑斑 5 个,斑点常有变异。卵长椭圆形,橙黄色,在叶片上呈"人"字形排列。幼虫体长 7 mm,灰黄色,腹部各节具 1 对吸盘,使之与叶面紧贴,幼虫背负自己的排泄物,故称负泥虫。蛹长 5 mm,浅黄色,腹端具 2 根刺毛。

A.1.4 枸杞瘿螨（*Aceria pallida* Keifer）

俗称虫苞子、痣虫。成虫体长 0.08 mm～0.3 mm,全体橙黄色,长圆锥形,头胸部宽短,尾部渐细长,口器下倾向前,腹部有细环纹,足 2 对,爪钩羽状;卵圆球形,直径 0.03 mm,乳白色,透明。

A.1.5 枸杞锈螨（*Aculops lycii* Kuang）

成螨体长 0.17 mm,有褐色、橙色、黄色变化。头胸宽短,腹部渐次狭细呈胡萝卜形。口向下垂直,胸部腹面长毛 1 对,腹部由环纹组成,背面环纹较粗,约 33 环,环上有粒突,腹面环纹密细,其数目约 2 倍背面环纹。雄螨腹面近前方有 1 脐状突起(外生殖器)。卵圆形,无色透明。初孵幼螨体型粗短,无色透明,成长后与成螨形似,但前端不明显膨大,体型较匀称,半透明或近于无色。

A.1.6 枸杞红瘿蚊（*Jaapiella* sp.）

A.1.6.1 成虫:体长 2 mm～2.5 mm,黑红色,生有黑色微毛。触角 16 节,黑色,串珠状,镶有较多而长的毛,有 1 道～2 道环纹围绕,雄虫触角较长,各节膨大,略呈长圆形,无细颈。复眼黑色,顶部愈合。下颚须 4 节。翅面密布微毛,外缘及后缘有较密的黑色长毛。胸部背面及腹部各节生有黑毛。各足第一跗节最短,第二跗节最长,其余 3 节依次渐短,端部爪钩 1 对,每爪为大小 2 齿。

A.1.6.2 卵:长圆形,近无色透明,常 10 多粒一起,产予幼蕾顶端内。

A.1.6.3 幼虫:初孵化时白色,成长后为淡桔红色小蛆,体扁圆。腹节两侧各有 1 微突,上生 1 短刚毛。体表面有微小突起花纹。胸骨叉黑褐色,与腹节愈合不能分离。

A.1.6.4 蛹:黑红色,头顶有 2 尖突,后有淡色刚毛,两侧各有 1 个突起。

A.1.7 枸杞实蝇（*Neoceratitis asiatica* Becker）

成虫体长 4.5 mm～5 mm,翅展 8 mm～10 mm。头橙黄色,颜面白色,复眼翠绿色,映有黑纹,宛如翠玉。两眼间具"Ω"形纹,3单眼。胸背面漆黑色,具强光,中部具2条纵白纹与两侧的2条短白纹相接成"北"字形。翅透明,有深褐色斑纹4条,1条沿前缘,余3条由此斜伸达翅缘;亚前缘脉尖端转向前缘成直角,直角内方具1小圆圈,据此可与类似种区别。成虫性温和,静止时翅上下抖动拟鸟飞状。卵白色,长椭圆形。幼虫体长5 mm~6 mm,圆锥形。蛹长4 mm~5 mm,宽1.8 mm~2 mm,椭圆形,浅黄色或赤褐色。

A.1.8 枸杞裸蓟马(*Psilothrips indicus* Bhafti)

A.1.8.1 成虫:雌虫淡黄褐色,长1.5 mm。头前尖突集眼黄绿色,触角8节,第2节膨大而色深,第6节最长,7、8节微小,3至7节有角状和叉状感觉器。前胸背面两侧各一群小点。前翅黄白色,具两条纵脉,翅基有一淡褐色斑,腹部黄褐色,背中央淡绿色。

A.1.8.2 若虫:深黄色,背线淡色,体长约1 mm。复眼红色。前胸背面两侧各有一群褐色小点,中胸两侧、后胸前侧角和中间两侧各有1个小褐点。第2腹节前缘左右各有1褐斑,第3节两侧、第5、6节和第8节两侧各1红斑,第7节两侧各2个红斑。

附　录　B
（规范性附录）
枸杞主要害虫田间发生情况调查表

B.1　枸杞主要害虫田间发生情况调查记录见表 B.1。

表 B.1　枸杞主要害虫田间发生情况调查记录表

调查项目:枸杞主要害虫田间发生情况调查　　　　　　　调查地点:

调查时间:　　　　　天气情况:　　　　　调查记录人:

枸杞树	不同方位枝条	枸杞木虱			枸杞蚜虫		枸杞负泥虫			枸杞蓟马	
		卵粒/枝	若虫头/枝	成虫头/枝	若虫头/枝	有翅蚜头/枝	卵粒/枝	幼虫头/枝	成虫头/枝	若虫头/枝	成虫头/枝
1	东										
	南										
	西										
	北										
	中										
	平均										
2	东										
	南										
	西										
	北										
	中										
	平均										
……	……										
总数											
总平均数											

注:采用五点取样,每个点随机调查 2 株枸杞树,在东南西北中五个方位上随机抽取 1 个枝条,记录枝条 30 cm 范围内的害虫虫态及数量。

305

B.2 枸杞红瘿蚊、枸杞实蝇田间发生情况调查记录见表 B.2。

表 B.2 枸杞红瘿蚊、枸杞实蝇田间发生情况调查记录表

调查项目:枸杞红瘿蚊、枸杞实蝇虫田间发生情况调查　　　　　　　调查地点:

调查时间:　　　　　　　天气情况:　　　　　　　调查记录人:

枸杞树	不同方位枝条	枸杞红瘿蚊				枸杞实蝇			
		成虫 头/枝	总蕾数 粒/枝	虫蕾数 粒/枝	虫蕾率 %	成虫 头/枝	总果数 粒/枝	虫果数 粒/枝	虫果率 %
1	东								
	南								
	西								
	北								
	中								
	平均								
2	东								
	南								
	西								
	北								
	中								
	平均								
……	……								
总平均数									

注1:五点取样,每点随机调查 2 株,每株在东、西、南、北、中五个方位上随机抽取 1 个枝条,调查记录每枝条上的总果数和虫果数。

注2:虫果率=虫果数/总果数×100%。

注3:总平均数=每棵树的虫果率/10 棵树×100%。

B.3 枸杞瘿螨、锈螨田间调查记录见表 B.3。

表 B.3 枸杞瘿螨、锈螨田间调查记录表

调查项目:枸杞瘿螨、锈螨田间发生情况调查　　　　　调查地点:

调查时间:　　　　　　天气情况:　　　　　调查记录人:

枸杞树	不同方位枝条	枸杞瘿螨、锈螨危害级数						虫情指数
		0	1	3	5	7	9	
1	东南西北中总和							
2	东南西北中总和							
……	……							
平均虫情指数	—	—	—	—	—	—		

B.4 枸杞主要害虫发生情况汇总情况见表 B.4。

表 B.4 枸杞主要害虫发生情况汇总表

调查项目:枸杞主要害虫发生情况　　　　　　　调查地点:

调查时间:　　　　　天气情况:　　　　调查记录人:

枸杞害虫	枸杞木虱			枸杞蚜虫		枸杞蓟马		枸杞负泥虫			枸杞瘿螨	枸杞锈螨	枸杞红瘿蚊	枸杞实蝇
	卵粒	若虫	成虫	若虫	有翅蚜	若虫	成虫	卵粒	幼虫	成虫				
发生总数 (头/10 株)														
平均数 (头/株)														
虫情指数	—	—		—	—			—	—	—			—	—
总虫果(蕾)率 %	—	—		—	—			—	—	—				

ICS 65.020
B 17

DB64

宁夏回族自治区地方标准

DB64/T 853—2013

枸杞蓟马防治农药安全使用技术规程

Technical regulation for the safe use of
pesticide against Lycium thrips

2013-04-16 发布

2013-04-16 实施

宁夏回族自治区质量技术监督局　发布

前　言

本标准按照 GB/T 1.1—2009 给出的规则起草。

本标准由宁夏农林科学院提出。

本标准由宁夏回族自治区林业局归口。

本标准起草单位：宁夏农林科学院植物保护研究所、宁夏葡萄花卉产业发展局、宁夏中宁县枸杞产业管理办公室。

本标准主要起草人：何嘉、孙海霞、张蓉、王少东、陈清平、丁婕、李瑞鹏、马新生、谢施祎。

枸杞蓟马防治农药安全使用技术规程

1 范围

本标准规定了枸杞蓟马防治农药安全使用技术的术语和定义、枸杞蓟马和防治。

本标准适用于枸杞蓟马防治农药安全使用技术。

2 规范性引用文件

下列文件对于本文件的应用是必不可少的。凡是注日期的引用文件,仅注日期的版本适用于本文件。凡是不注日期的引用文件,其最新版本(包括所有的修改单)适用于本文件。

GB 4285 农药安全使用标准

GB/T 8321.1—2000 农药合理使用准则(一)

GB/T 8321.2—2000 农药合理使用准则(二)

GB/T 8321.4—2006 农药合理使用准则(四)

GB/T 8321.5—2006 农药合理使用准则(五)

GB/T 8321.8—2007 农药合理使用准则(八)

NY/T 1276—2007 农药安全使用规范总则

3 术语和定义

下列术语和定义适用于本文件。

3.1

发生世代

昆虫年发生的代数。

3.2

物候

生物长期适应温度条件的周期性变化,形成与此相适应的生长发育节律。

3.3

安全间隔期

从最后 1 次施用农药至收获允许的间隔天数,即收获前禁止使用农药的日期。

3.4

最大残留限量(MRL)

允许农药在各种食品和动物饲料中或其表面残留的最大浓度。

注:单位为毫米每千克(mg/kg)。

3.5

有效剂量

农药产品中对病、虫、草等有毒杀活性的成分的含量。

4 枸杞蓟马

4.1 种类

枸杞蓟马的种类至少在 4 种以上,已明确的种类有印度裸蓟马(*Lsilothrips indicus* Bhatti)、花蓟马(*Franlliniella intonsa* Trybon)、华简管蓟马(*Haplothrips chinenaia* Priesener)和稻简管蓟马(*Haplothrips aculeatus* Facricius),其中印度裸蓟马是宁夏枸杞主产区优势种群。

4.2 形态特征(印度裸蓟马)

4.2.1 成虫:雌虫淡黄褐色,长 1.5 mm。头前尖突,集眼黄绿色,触角 8 节,第 2 节膨大而色深,第 6 节最长,7、8 节微小,3 至 7 节有角状和叉状感觉器。前胸背面两侧各一群小点。前翅黄白色,具两条纵脉,翅基有一淡褐色斑,腹部黄褐色,背中央淡绿色。

4.2.2 若虫:深黄色,背线淡色,体长约 1 mm。复眼红色。前胸背面两侧各有一群褐色小点,中胸两侧、后胸前侧角和中间两侧各有 1 个小褐点。第 2 腹节前缘左右各有 1 褐斑,第 3 节两侧、第 5、第 6 节和第 8 节两侧各 1 红斑,第 7 节两侧各 2 个红斑。

4.3 发生特点

年发生 10 代～18 代,世代重叠,成虫和若虫群集于叶片、花冠筒内和果实上为害,6 月～7 月采果盛期也是蓟马危害的盛期。蓟马在叶上危害形成微细的白色斑驳,并排泄粪便呈黑色污点密布叶背,被害叶略呈纵向反卷,早期落叶;在花冠筒中取食花蜜,造成落花;在果实上形成纵向不规则斑纹,鲜果失去光泽,颜色发暗,不易保存,干果颜色发黑。

4.4 始发期

4 月中旬枸杞展叶。

5 防治

5.1 药剂种类的选择

5.1.1 化学农药

高效氯氰菊酯、氰戊菊酯。

5.1.2 生物农药

乙基多杀菌素、蛇床子素、斑蝥素、小檗碱等。

5.1.3 矿物源农药

硫磺、矿物油。

5.2 药剂使用方法

防治枸杞蓟马有效药剂安全使用方法见表 1,并严格执行 GB 4285、GB/T 8321.1—2000、GB/T 8321.2—2000、GB/T 8321.4—2006、GB/T 8321.5—2006、GB/T 8321.8—2007 和 NY/T 1276—2007 等相关规定。

表 1 防治枸杞蓟马有效药剂安全使用方法

种类	通用名	剂型及含量	每667 m² 每次制剂施用量或稀释倍数（有效成分浓度）	使用时间	施药方法	每季最多使用次数	安全间隔期 d	最高残留限量推荐值（MRLs）mg/kg
化学农药	高效氯氰菊酯	4.5%乳油	2 mL/2 500 倍	采果前期	喷雾	1	7	0.5
	氰戊菊酯	20%乳油	14.8 mL/1 500 倍			1	7	0.5
生物农药	乙基多杀菌素	6%悬浮剂	1.67 mL～2.22 mL/3 000 倍～4 000 倍	采果前期或采果期		2	4	0.5
	蛇床子素	0.4%乳油	0.22 mL/2 000 倍			2	—	—
	斑蝥素	0.01%水剂	0.02 mL/800 倍			2	—	—
	小檗碱(L₂)	0.2%可溶性液剂	0.22 mL/1 000 倍			2	—	—
矿物源农药	硫磺(SO₂)	50%悬浮剂	185 mL/300 倍	采果期		1～2	4	50
	矿物油	99%乳油	439.56 mL/250 倍			4	—	—

注：施药时要保证药量准确，喷雾均匀，喷雾器械达到规定的工作压力，尽可能在无风条件下施药；喷药时间为每日 10:00 以前和 17:00 以后；采果期间在采果后当日或次日进行施药。如施药后 12 h 内降雨应补喷。如蓟马发生严重，本标准中推荐药剂均可交替使用。药剂使用量是按株行距 1 m×3 m，每 667 m² 枸杞树 222 株，每株树 500 mL 药液量计算。

附　录　A
（资料性附录）
防治枸杞蓟马化学药剂最大残留限量参考值

A.1　防治枸杞蓟马化学药剂最大残留限量参考值见表A.1。

表 A.1　防治枸杞蓟马化学药剂最大残留限量标准（浆果类）　　单位:mg/kg

农药	中国（番茄）		欧盟	日本	韩国	美国	加拿大	澳大利亚	国际食品法典委员会
乙基多杀菌素	0.5		0.5	0.7（番茄）	—	0.4（番茄）	—	—	—
氯氰菊酯	0.5		0.5～0.05	0.5～2	0.5～2	—	0.5～0.2	0.05	1～2
氰戊菊酯	0.5		0.02	1～5	1～2	1～10	—	0.05	2/0.5
二氧化硫	100 干果	50 鲜果	10 mg/kg	30	30	50	50	100	100

ICS 65.020.20
B 05

DB64

宁夏回族自治区地方标准

DB64/T 1086—2015

绿色食品(A级)宁夏枸杞肥料安全使用准则

Guidelines for safe use of fertilizer in green food (class A)-Ningxia Lycium

2015-11-22 发布 2015-11-22 实施

宁夏回族自治区质量技术监督局 发 布

前　言

本标准按照 GB/T 1.1—2009 给出的规则起草。

本标准由中国医学科学院药用植物研究所提出。

本标准由宁夏回族自治区林业厅归口。

本标准起草单位：中国医学科学院药用植物研究所、宁夏农林科学院植物保护研究所、永宁县本草苁蓉种植基地。

本标准主要起草人：徐荣、陈君、徐常青、张蓉、刘赛、李建领、林晨、乔海莉、郭昆、刘同宁。

绿色食品(A级)宁夏枸杞肥料安全使用准则

1 范围

本标准规定了绿色食品(A级)宁夏枸杞(*Lycium barbarum* L.)肥料安全使用准则的术语和定义、肥料安全使用要求和其他规定。

本标准适用于绿色食品(A级)宁夏枸杞(*Lycium barbarum* L.)生产中肥料的安全使用。

2 规范性引用文件

下列文件对于本文件的应用是必不可少的。凡是注日期的引用文件,仅注日期的版本适用于本文件。凡是不注日期的引用文件,其最新版本(包括所有的修改单)适用于本文件。

GB/T 17419—1998　含氨基酸叶面肥料

GB/T 17420—1998　含微量元素叶面肥料

GB/T 18672—2014　枸杞

GB/T 25246—2010　畜禽粪便还田技术规范

NY/T 227—1994　微生物肥料

NY/T 391—2013　绿色食品产地环境技术条件

NY/T 394—2013　绿色食品肥料使用准则

NY/T 496—2010　肥料合理使用准则通则

NY 525—2012　有机肥料

NY 884—2012　生物有机肥

NY/T 1051—2014　绿色食品枸杞及枸杞制品

NY/T 1105—2006　肥料合理使用准则氮肥

NY/T 1535—2007　肥料合理使用准则微生物肥料

NY/T 1868—2010　肥料合理使用准则有机肥料

NY/T 1869—2010　肥料合理使用准则钾肥

DB64/T 556—2009　宁夏枸杞优质高效施肥技术规程

DB64/T 871—2013　畜禽粪便堆肥技术规范

3 术语和定义

NY/T 394—2013界定的以及下列术语和定义适用于本文件。

3.1

绿色食品生产资料　green food production material

经专门机构认定,符合绿色食品生产要求,并正式推荐用于绿色食品生产的生产资料。

3.2

农家肥料　farmyard manure

就地取材,主要由植物和(或)动物残体、排泄物等富含有机物的物料制作而成的肥料。

3.3

有机肥料　organic fertilizer

主要来源于植物和(或)动物、经发酵腐熟的含碳有机物料,其功能是改善土壤肥力、提供植物营养、提高作物品质。

3.4

微生物肥料　microbial fertilizer

含有特定微生物活体的制品,应用于农业生产,通过其中所含微生物的生命活动,增加植物养分的供应量或促进植物生长,提高产量、改善农产品品质及农业生态环境的肥料。

3.5

有机-无机复混肥　organic-inorganic compound fertilizer

含有一定量经无害化处理有机肥的复混肥料。其中复混肥料是指氮、磷、钾三种养分中,至少有两种养分标明量的由化学方法和(或)掺混方法制成的肥料。

3.6

土壤调理剂　soil amendment

加入土壤中用于改善土壤的物理、化学和(或)生物性状的物料,功能包括改良土壤结构、降低土壤盐碱危害、调节土壤酸碱度、改善土壤水分状况、修复土壤污染等。

4　肥料安全使用要求

4.1　肥料使用原则

宁夏枸杞的肥料使用应符合 NY/T 391—2013 和 NY/T 394—2013 有关规定的持续发展、安全优质、化肥减控和有机为主原则。肥料使用应满足宁夏枸杞对营养元素的需要,以保持或增加土壤肥力及土壤生物活性。

4.2　肥料选择

肥料使用应符合 NY/T 394—2013 的规定。在宁夏枸杞生产中使用的肥料种类应按下列要求进行选择:

    a)　可使用农家肥料、有机肥料和微生物肥料。当农家肥料、有机肥料和微生物肥料不能满足生产需求的情况下,允许使用有机-无机复混肥、无机肥及土壤调理剂;

    b)　不得使用添加有稀土元素的肥料,成分不明确的、含有安全隐患成分的肥料;

    c)　禁止使用生活垃圾、污泥和含有害物质(如毒气、病原微生物,重金属等)的工业垃圾;

    d)　不得施用未经发酵腐熟的饼肥和人畜粪尿。

4.3　推荐施肥方法和肥料种类

宁夏枸杞生产期施肥技术应按 DB64/T 556—2009 的规定进行,推荐的施肥方法和肥料种类见表1。

表 1   推荐宁夏枸杞施肥方法和肥料种类

施肥时期	枸杞生长阶段	施肥方法和肥料种类	要求
11月或4月上旬	树体休眠,萌动、萌芽期	秋施基肥,施用农家肥 5 kg/株(一般以充分腐熟的厩肥为主)作基肥,于根际周围挖穴或开沟,施后盖土	确保有机肥来源安全,严格按照 NY 525—2012 和 NY 884—2012 控制各项指标
4月中旬	发芽展叶至新枝生长盛期	为满足枝叶生长对氮素的需要,以施氮肥为主。磷酸二铵、尿素、复合肥按1:1:2施用,0.4 kg/株。配合使用叶面肥	禁止使用硝态氮肥;严禁使用农家肥喷施叶面
5月下旬	新果枝开花及老果枝现幼果	为满足花芽分化、果实生长及枝叶生长,应选氮、磷、钾肥配合使用。复合肥,磷酸二铵(2:1),0.3 kg/株	最后一次追肥必须在果实收获前30天进行
6月上、中旬	新果枝幼果期及老果枝果熟期	大量果实膨大盛期,追肥以复合肥为主,磷酸二铵、复合肥按1:1施用,0.2 kg/株	

4.4 肥料安全使用要求

4.4.1   各枸杞产区可因地制宜采用秸秆还田、过腹还田、直接翻压还田、覆盖还田等形式,畜禽粪便还田应按照 GB/T 25246—2010 执行。农家肥料的重金属限量指标应符合 NY 525—2012 的要求,蛔虫卵死亡率、粪大肠菌群数应符合 NY 884—2012 的要求。

4.4.2   叶面肥料质量应符合 GB/T 17419—1998 和 GB/T 17420—1998 有关要求。按规定稀释,在枸杞生长期内,可施 2 次～3 次。

4.4.3   微生物肥料使用需符合 NY/T 1535—2007,可用于拌种,也可作基肥和追肥使用;使用时应严格按照使用说明书的要求操作。微生物肥料中有效活菌的数量应符合 NY/T 227—1994 中 4.1 和 4.2 要求。

4.4.4   使用化学肥料应遵守 NY/T 1105—2006、NY/T 1868—2010、NY/T 1869—2010 和 NY/T 496—2010相关规定,并应减控化肥用量,其中无机氮素用量按当地习惯施肥用量减半使用。

4.4.5   化肥应与有机肥配合施用,有机氮与无机氮之比不超过1:1。通常厩肥作基肥、尿素可作基肥和追肥用。

示例:厩肥 1 000 kg 加尿素 10 kg。

4.4.6   化肥也可与有机肥、复合微生物肥配合施用。通常厩肥作基肥,尿素、磷酸二铵和微生物肥料作基肥和追肥用。

示例:厩肥 1 000 kg,加尿素 5 kg～10 kg 或磷酸二铵 20 kg,复合微生物肥料 60 kg。

5   其他规定

5.1   农家肥料(包括人畜禽粪尿、秸秆、杂草、泥炭等)制作堆肥时,应高温发酵,杀灭各种寄生虫卵及病原菌、杂草种子,质量应符合 GB 8172、NY/T 394—2013 的规定。农家肥料,原则上就地生产就地使用。外来农家肥料应确认符合要求后方可使用。

5.2   当施用肥料影响枸杞达到绿色食品标准时,应停止使用该肥料;因施肥造成土壤污染、水源污染,应停止施用该肥料并向专门管理机构报告。

ICS 65.020.20
B 05

DB64

宁夏回族自治区地方标准

DB64/T 1087—2015

绿色食品（A级）宁夏枸杞农药安全使用准则

Guidelines for safe use of pesticide in green food（class A）-Ningxia Lycium

2015-11-22 发布

2015-11-22 实施

宁夏回族自治区质量技术监督局　发 布

前　言

本标准按照 GB/T 1.1—2009 给出的规则起草。

本标准由中国医学科学院药用植物研究所提出。

本标准由宁夏回族自治区林业厅归口。

本标准起草单位：中国医学科学院药用植物研究所、宁夏农林科学院植物保护研究所、永宁县本草苁蓉种植基地。

本标准主要起草人：徐常青、徐荣、陈君、张蓉、刘赛、李建领、林晨、乔海莉、郭昆、何嘉、刘同宁。

绿色食品(A级)宁夏枸杞农药安全使用准则

1 范围

本标准规定了绿色食品(A级)宁夏枸杞(*Lycium barbarum* L.)农药安全使用准则的术语和定义、农药安全使用要求、防护规定与措施。

本标准适用于绿色食品(A级)宁夏枸杞(*Lycium barbarum* L.)生产过程中农药的安全使用。

2 规范性引用文件

下列文件对于本文件的应用是必不可少的。凡是注日期的引用文件,仅注日期的版本适用于本文件。凡是不注日期的引用文件,其最新版本(包括所有的修改单)适用于本文件。

GB 4285 农药安全使用标准

GB/T 8321.2—2000 农药合理使用准则(二)

GB/T 8321.8—2000 农药合理使用准则(八)

GB/T 8321.9—2009 农药合理使用准则(九)

GB/T 18672—2014 枸杞

GB/T 19630.1—2011 有机产品 第1部分:生产

NY/T 391—2000 绿色食品 产地环境技术条件

NY/T 393—2013 绿色食品 农药使用准则

NY/T 1051—2014 绿色食品 枸杞及枸杞制品

3 术语和定义

下列术语和定义适用于本文件。

3.1

生物源农药 biogenic pesticides

直接利用生物活体或生物代谢过程中产生的具有生物活性的物质或从生物体提取的物质作为防治病虫草害的农药。

3.2

矿物源农药 mineral pesticides

有效成分起源于矿物的无机化合物和石油类农药。

3.3

有机合成农药 synthetic organic pesticides

由人工研制合成,并由有机化学工业生产的商品化的一类农药,包括中等毒和低毒类杀虫杀螨剂、杀菌剂、除草剂。

3.4

绿色食品生产资料 green food production material

经专门机构认定,符合绿色食品生产要求,并正式推荐用于和绿色食品生产的生产资料。

4 农药安全使用要求

4.1 科学合理使用农药

4.1.1 根据病虫害的种类、发生规律尽量靶位用药,使用化学农药时不要过于单一,药剂应交替使用。

4.1.2 农药使用应符合 GB 4285、NY/T 393—2013 的要求。有限度地使用有机合成农药,应按 GB/T 8321.2—2000、GB/T 8321.8—2007、GB/T 8321.9—2009 的要求,并控制施药量与安全间隔期。

4.2 允许使用的农药

4.2.1 所选用的农药应符合相关法律规定,并获得国家农药登记许可,现阶段登记可用于枸杞的农药种类及用施用方法见表1。

表 1 现阶段登记可用于枸杞的农药种类及施用方法

农约名称	总含量	剂型	毒性	用药量/(mg/kg)	防治对象	施用方法	安全间隔期/d
硫磺(sulphur)	45%	悬浮剂	低毒	1 125～2 250	锈螨	喷雾	10
吡虫啉(imidacloprid)	5%	乳油	低毒	33.3～50	蚜虫	喷雾	3
高效氯氰菊酯(beta-cypermethrin)	4.5%	乳油	中等毒	18～22.5	蚜虫	喷雾	3
苦参碱(matrine)	1.5%	可溶液剂	低毒	3.75～5	蚜虫	喷雾	10
藜芦碱(veratrine)	0.5%	可溶液剂	低毒	3.75～5	蚜虫	喷雾	10
顺式氯氰菊酯(alpha-cypermethrin)	30 g/L	乳油	中等毒	18.75～20	红瘿蚊	喷雾	7
注:每种有机合成农药在枸杞的生长期内只允许使用1次。							

4.2.2 已登记的农药类产品不能满足植保工作需要的情况下,应按 GB/T 19630.1—2011 中表 A.2 和 NY/T 393—2013 中表 A.1 的相关要求进行,使用绿色食品生产资料农药类产品见附录A。

4.3 推荐枸杞农药防治历

枸杞病虫害农药防治历见表2。

表 2 推荐枸杞病虫害农药防治历

防治时期	枸杞生长阶段	防治对象	防治措施和农药种类
3月中、下旬	萌芽前期	木虱、瘿螨	果枝修剪,剪去枯枝并清除;树冠喷施藜芦碱
4月上旬	萌芽期	木虱、瘿螨、蚜虫、红瘿蚊	树冠喷施吡虫啉或顺式氯氰菊酯
4月中旬	展叶期	蚜虫、红瘿蚊	人工摘除红瘿蚊虫果,树冠喷施顺式氯氰菊酯

表 2（续）

防治时期	枸杞生长阶段	防治对象	防治措施和农药种类
5月上旬	新枝生长盛期	负泥虫	人工捕杀负泥虫成虫，或树冠喷施苦参碱
5月下旬	寸枝开花及老眼枝现幼果	瘿螨	修剪徒长枝,树冠喷施硫悬浮剂、黎芦碱
6月上、中旬	采果前期	枸杞蚜虫	树冠喷施苦参碱
6月下旬	采果中期	蓟马、炭疽病	园中悬挂篮色粘虫板诱杀蓟马,树冠喷施吡虫啉、硫磺悬浮剂
7月中旬	采果后期	蓟马	悬挂篮色粘虫板诱杀蓟马
8月上、中旬	秋梢萌发、生长期	蚜虫、瘿螨、木虱	树冠喷施高效氯氰菊酯
9月中旬	秋果生长期	红瘿蚊	人工摘除红瘿蚊虫果,或树冠喷施顺式氯氰菊酯
11月	落叶期	主要害虫	清除田间枯草落叶,并销毁
注：每种有机合成农药在枸杞的生长期内只允许使用1次。			

4.4 禁止使用的农药种类、名称及禁用原因见表3。

表3 绿色食品(A级)枸杞种植禁止使用的农药

种类	农药名称	不得使用原因
有机氯杀虫剂	滴滴涕、六六六、林丹、甲氧、高残毒DDT、硫丹	高残毒
有机氯杀螨剂	三氯杀螨醇	工业品中含有一定数量的滴滴涕
有机磷杀虫剂	甲拌磷、乙拌磷、久效磷、对硫磷、甲基对硫磷、甲胺磷、甲基异柳磷、治螟磷、氧化乐果、磷胺、地虫硫磷、灭克磷(益收宝)、水胺硫磷、氯唑磷、硫线磷、杀扑磷、特丁硫磷、克线丹、苯线磷、甲基硫环磷	剧毒高毒
氨基甲酸酯杀虫剂	涕灭威、克百威、灭多威、丁硫克百威、丙硫克百威	高毒、剧毒或代谢物高毒
二甲基甲脒类杀虫螨剂	杀虫脒	慢性毒性致癌
拟除虫菊酯类杀虫剂	所有拟除虫菊酯类杀虫剂	对水生生物毒性大
卤代烷类熏蒸杀虫剂	二溴乙烷、环氧乙烷、二溴氯丙烷、溴甲烷	致癌、致畸、高毒
阿维菌素	除虫菌素、爱福丁、齐螨素	高毒
克螨特		慢性毒性
有机砷杀菌剂	甲基胂酸锌(稻脚青)、甲基胂酸钙胂(稻宁)、甲基胂酸铵(田安)、福美甲胂、福美胂	高残毒
有机锡杀菌剂	三苯基醋锡(薯瘟锡)、三苯基氯化锡、三苯基羟基锡(毒菌锡)	高残留、慢性毒性
有机汞杀菌剂	氯化乙基汞(西力生)、醋酸苯汞(赛力散)	剧毒、高残毒

表 3（续）

种类	农药名称	不得使用原因
有机磷杀菌剂	稻瘟净、异稻瘟净	异臭
取代苯类杀菌剂	五氯硝基苯、稻瘟醇（五氯苯甲醇）	致癌、高残留
2,4-D类化合物	除草剂或植物生长调节剂	杂质致癌
二苯醚类除草剂	除草醚、草枯醚	慢性毒性
植物生长调节剂	有机合成的植物生长调节剂	
除草剂	各类除草剂	

5 防护规定与措施

5.1 农药安全使用操作注意事项

5.1.1 喷雾前，应检查药械是否有"跑、冒、滴、漏"现象，不要用嘴去吹堵塞的喷头。

5.1.2 调配农药时，应带手套及口罩，严禁用手拌药。农药配制点应在远离村庄、水源、食品店、畜禽并且通风良好的场所进行。

5.1.3 下雨、大风、高温天气时不要施药，高温季节下午4时后施药；不要逆风施药。

5.1.4 不允许非操作人员和家畜在施药区停留，凡施过药的区域，应设立警告标志。

5.1.5 施药药械每次用后要洗净，不要在河流、小溪、井边冲洗；农药废弃包装物严禁它用，要集中存放，妥善处理。

5.2 劳动防护

5.2.1 施药人员应身体健康，经过培训。年老、体弱人员，儿童及孕期、哺乳期妇女不能施药。

5.2.2 施药前检查药械是否完好，施药时喷雾器中的药液不要装得太满。

5.2.3 施药期间不准进食、饮水、吸烟，要穿戴防护衣具。

5.2.4 施药后，及时用肥皂清洗手脸和被污染的部位；被污染的衣物和药械应彻底清洗干净后再存放。

5.2.5 施药时间每天不能超过6 h，并且不要连续多日喷雾。

5.2.6 掌握中毒急救知识。如农药溅入眼睛内或皮肤上，及时用大量清水冲洗；如出现中毒症状，应立即停止作业，脱掉污染衣服，携农药标签到最近的医院就诊。

附 录 A

（规范性附录）

绿色食品（A级）枸杞种植允许使用的农药和其他植保产品

A.1 绿色食品（A级）枸杞种植允许使用的农药和其他植保产品见表A.1。

表A.1 绿色食品（A级）枸杞种植允许使用的农药和其他植保产品

类别	名称和组分	使用条件
I.植物和动物来源	楝素（苦楝、印楝等提取物）	杀虫剂
	天然除虫菊素（除虫菊科植物提取液）	
	苦参碱及氧化苦参碱（苦参等提取物）	
	鱼藤酮类（如毛鱼藤）	
	蛇床子素（蛇床子提取物）	杀虫、杀菌剂
	小檗碱（黄连、黄柏等提取物）	杀虫、杀菌剂
	大黄素甲醚（大黄、虎杖等提取物）	
	植物油（如薄荷油、松树油、香菜油）	杀虫剂、杀螨剂、杀真菌剂、发芽抑制剂
	寡聚糖（甲壳素）	杀菌剂、植物生长调节剂
	天然诱集和杀线虫剂（如万寿菊、孔雀草、芥子油）	杀线虫剂
	天然酸（如食醋、木醋和竹醋）	杀菌剂
	菇类蛋白多糖（蘑菇提取物）	
	牛奶及奶制品	
	蜂蜡	用于嫁接和修剪或作为害虫粘着剂
	蜂胶	杀菌剂
	明胶	杀虫剂
	卵磷脂	杀真菌剂
	具有驱避作用的植物提取物（大蒜、薄荷、辣椒、花椒、薰衣草、柴胡、艾草的提取物）	驱避剂
	昆虫天敌（如赤眼蜂、瓢虫、草蛉等）	控制虫害
II.矿物来源	铜盐（如硫酸铜、氢氧化铜、氯氧化铜、辛酸铜等）	杀真菌剂，防止过量施用而引起铜的污染
	石硫合剂	杀真菌剂、杀虫剂、杀螨剂
	波尔多液	杀真菌剂，防止过量施用而引起铜的污染
	氢氧化钙（石灰水）	杀真菌剂、杀虫剂
	硫磺	杀真菌剂、杀螨剂、驱避剂
	高锰酸钾	杀真菌剂、杀细菌剂；仅用于果树和葡萄
	碳酸氢钾	杀真菌剂
	石蜡油	杀虫剂，杀螨剂
	氯化钙	用于治疗缺钙症

表 A.1（续）

类别	名称和组分	使用条件
Ⅱ.矿物来源	硅藻土	杀虫剂
	黏土（如：斑脱土、珍珠岩、蛭石、沸石等）	
	硅酸盐（硅酸钠，石英）	驱避剂
	硫酸铁（3价铁离子）	杀软体动物剂
Ⅲ.微生物来源	真菌及真菌制剂（如白僵菌、轮枝菌、木霉菌等）	杀虫、杀菌、除草剂
	细菌及细菌制剂（如苏云金芽孢杆菌、枯草芽孢杆菌、蜡质芽孢杆菌、地衣芽孢杆菌、荧光假单胞杆菌等）	杀虫、杀菌剂、除草剂
	病毒及病毒制剂（如核型多角体病毒、颗粒体病毒等）	杀虫剂
Ⅳ.其他	氢氧化钙	杀真菌剂
	二氧化碳	杀虫剂，用于贮存设施
	乙醇	杀菌剂
	海盐和盐水	
	明矾	
	软皂（钾肥皂）	杀虫剂
	石英砂	杀真菌剂、杀螨剂、驱避剂
	昆虫性外激素	仅用于诱捕器和散发皿内
	磷酸氢二铵	引诱剂，只限用于诱捕器中使用
Ⅴ.诱捕器、屏障	物理措施（如色彩诱器、机械诱捕器）	
	覆盖物（网）	

ICS 65.020.20
B 16

DB64

宁 夏 回 族 自 治 区 地 方 标 准

DB64/T 1211—2016

枸杞实蝇绿色防控技术规程

Technical regulation for green prevention and control of
Neoceratitis asiatica（Becker）

2016-12-28 发布

2017-03-28 实施

宁夏回族自治区质量技术监督局　发 布

前　　言

本标准按照 GB/T 1.1—2009 给出的规则起草。

本标准由宁夏农林科学院提出。

本标准由宁夏回族自治区林业厅归口。

本标准起草单位：宁夏农林科学院植物保护研究所、宁夏农林科学院种质资源研究所、宁夏自治区林业产业发展中心、宁夏农业技术推广总站、宁夏生产力促进中心、宁夏科技厅信息处、宁夏防风治沙职业技术学院。

本标准主要起草人：刘晓丽、刘媛、夏道芳、刘朝晖、李晓龙、马建国、曹丽华、杨刚、李锋、王小虎。

枸杞实蝇绿色防控技术规程

1 范围

本标准规定了枸杞实蝇的防控技术术语和定义、农业防治、物理防治和生物防治。
本标准适用于宁夏枸杞产区枸杞实蝇的防治。

2 规范性引用文件

下列文件对于本文件的应用是必不可少的。凡是注日期的引用文件,仅注日期的版本适用于本文件。凡是不注日期的引用文件,其最新版本(包括所有的修改单)适用于本文件。
DB64/T 554 枸杞红瘿蚊地膜覆盖防治操作技术

3 术语和定义

下列术语和定义适用于本文件。

3.1
枸杞实蝇

枸杞实蝇[*Neoceratitis asiatica*(Becker)],属双翅目实蝇科(Trypetidae),专以枸杞的果实为食,其幼虫俗称白蛆,被害果称虫果或蛆果。枸杞实蝇在宁夏每年约发生3代,秋季以蛹蛰伏在3 cm~10 cm深的土中越冬,翌年枸杞谢花成果时,越冬代蛹羽化为成虫出土,并产卵于幼果皮内,幼虫孵化后终生在果内生活,以果肉浆汁为食。

3.2
越冬代蛹

一年多代的全变态类昆虫,以蛹越冬时的虫态,春季可羽化出土为成虫。

4 农业防治

4.1 土壤耕作

于春冬季,翻耕土壤5 cm~15 cm,将越冬蛹翻至地表,晒死或冻死。

4.2 冬灌灭虫

11月上中旬,对枸杞地进行冬灌。

4.3 地膜覆盖

提前覆膜(4月初),延迟到5月20日以后撤膜,其他参考DB64/T 554。

5 物理防治

采果期,每隔5 d~7 d,结合采果作业,摘取蛆果,于当天集中销毁。

6 生物防治

6.1 性诱剂诱捕

6.1.1 悬挂材料

枸杞实蝇性诱剂,使用方法(见附录 A)。

6.1.2 悬挂防治始期

4 月下旬,悬挂喷有实蝇性诱剂的塑料瓶并每天检查,当发现有第一只枸杞实蝇成虫时,开始大面积悬挂进行全园诱捕防控。

6.1.3 悬挂密度

依据各枸杞产区的种植密度而定,一般以 15 个/667 m^2～20 个/667 m^2 为宜。

6.1.4 悬挂高度

将其悬挂于树冠 2/3 高处,阳光透射率 60％处为佳。

6.1.5 悬挂瓶颜色

深绿色。

6.2 植物源药剂

5 月上旬至下旬,于枸杞实蝇成虫羽化出土盛期,用 0.3％印楝素乳油 500 倍液～600 倍液＋1.5％除虫菊素水乳剂 500 倍液～700 倍液进行全园树冠喷雾。

6.3 微生物源药剂

4 月中旬至下旬,于枸杞实蝇越冬蛹羽化出土前,向翻耕后的枸杞园撒施白僵菌粉(浓度 1∶10 掺和细土),每 667 m^2 用量 5 kg～6 kg,混合拌匀,撒于枸杞园内土面。树冠下及枸杞园周围较高田面要多撒些,然后浅耙,使药土混合,以表土覆盖。早春拌药不彻底,成虫发生较多,于 6 月底结合铲园作业补做土壤拌药 1 次。

附　录　A
（规范性附录）
枸杞实蝇性诱剂使用方法

　　将枸杞实蝇性诱剂均匀喷洒于撕去产品信息的裸塑料瓶外壁（以下均简称塑料瓶）。为使喷洒均匀，喷洒时诱剂瓶罐需距塑料瓶体约 30 cm～50 cm 以上的距离，用绳子的一端将塑料瓶口绑牢，绳子的另一端悬挂于枸杞植株中较强壮的枝条上。悬挂时，尽量悬挂在枸杞树树冠中间部位（枝繁叶茂处），不要使喷有诱剂的塑料瓶暴露于日光直射之下，见图 A.1 和图 A.2。

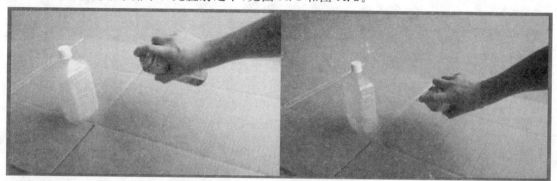

图 A.1　枸杞实蝇性诱剂使用方法

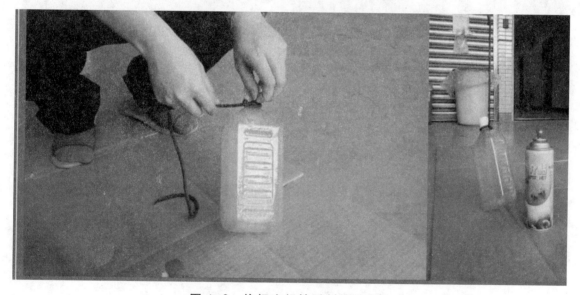

图 A.2　枸杞实蝇性诱剂使用方法

ICS 65.100.01
B 17

DB64

宁 夏 回 族 自 治 区 地 方 标 准

DB64/T 1213—2016

枸杞病虫害防治农药安全使用规范

Specification for the safe use of pesticides for the control of
diseases and insect pests of Lycium

2016-12-28 发布

2016-03-28 实施

宁夏回族自治区质量技术监督局 发 布

前　　言

本标准按照 GB/T 1.1—2009 给出的规则起草。

本标准由宁夏农林科学院提出。

本标准由宁夏回族自治区林业厅归口。

本标准起草单位：宁夏农林科学院植物保护研究所。

本标准主要起草人：何嘉、王芳、高立原、孙海霞、刘畅、张蓉。

枸杞病虫害防治农药安全使用规范

1 范围

本标准规定了枸杞病虫害防治农药安全使用技术的术语和定义、主要病虫害种类、主要病虫害发生规律、主要虫害防治指标、主要病虫害防治关键期、农药使用方法和农药最大残留限量。

本标准适用于枸杞病虫害防治的农药安全使用。

2 规范性引用文件

下列文件对于本文件的应用是必不可少的。凡是注日期的引用文件,仅注日期的版本适用于本文件。凡是不注日期的引用文件,其最新版本(包括所有的修改单)适用于本文件。

GB 4285　农药安全使用标准

DB64/T 852—2013　枸杞病虫害监测预报技术规程

3 术语和定义

下列术语和定义适用于本文件。

3.1

安全间隔期

从最后1次施用农药至收获允许的间隔天数,即收获前禁止使用农药的日期。

3.2

有效剂量

农药产品中对病、虫、草等有毒杀活性的成分的含量。

4 主要病虫害种类

主要病虫害种类如下:

a) 枸杞蚜虫:棉蚜(*Aphis gossypii* Glover)、桃蚜[*Myzus persicae*(Sulzer)]和豆蚜(*Aphis craccivora* Koch);

b) 枸杞木虱(*Paratrioza sinica* Yang et Li);

c) 枸杞负泥虫(*Lema decempunctata* Gebler);

d) 枸杞瘿螨(*Aceria palida* Keifer);

e) 枸杞锈螨(*Aculops lycii* Kuang);

f) 枸杞红瘿蚊(*Jaapiella* sp.);

g) 枸杞实蝇(*Neoceratitis asiatica* Becker);

h) 枸杞蓟马:花蓟马(*Franlliniella intonsa* Trybon),禾蓟马[*Frankliniella tenuicornis*(Uzel)],印度裸蓟马(*Lsilothrips indicus* Bhatti);

i) 枸杞炭疽病(*Colletotrichum gloeosporioides* Penzg);

j) 枸杞白粉病(*Arthrocladiella mougeotii* var. *polysporae* Z. Y. Zhao)。

5 主要病虫害发生规律

参照 DB64/T 852—2013 中的第 4 章。

6 主要虫害防治指标

主要防治指标如下：

a) 枸杞蚜虫：5 头/枝；

b) 枸杞木虱：卵 5 粒/枝、若虫 1 头/叶、成虫 3 头/枝；

c) 枸杞负泥虫：卵 5 粒/枝；

d) 枸杞瘿螨：为害指数 0.05；

e) 枸杞红瘿蚊：虫果率 3%/枝，越冬虫蛹 0.2 头/m²；

f) 枸杞实蝇：成虫 1 头/枝，越冬虫蛹 0.2 头/m²；

g) 枸杞蓟马：5 头/枝。

7 主要病虫害防治关键期

主要病虫害防治关键期如下：

a) 枸杞蚜虫：4 月上旬、5 月上旬、9 月；

b) 枸杞木虱：3 月底 4 月初、6 月上旬、9 月；

c) 枸杞负泥虫：4 月上旬、5 月上旬；

d) 枸杞瘿螨：3 月底 4 月初、5 月上旬、5 月下旬、9 月；

e) 枸杞锈螨：3 月底 4 月初、5 月上旬、5 月下旬；

f) 枸杞红瘿蚊：5 月上旬；

g) 枸杞实蝇：6 月上旬；

h) 枸杞蓟马：5 月中旬、6 月；

i) 枸杞炭疽病：7 月～8 月；

j) 枸杞白粉病：9 月。

8 农药使用方法

8.1 农药安全使用执行 GB 4285 的相关规定，严格掌握其浓度和用量、施用次数、施药方法和安全间隔期，并进行药剂的合理轮换使用。防治枸杞病虫害农药安全使用方法见表 1。

表 1　枸杞病虫害防治农药安全使用方法

农药种类		通用名	剂型及含量	有效成分使用剂量/ (mg/kg)(稀释倍数)	每年最多 使用次数	安全间 隔期/d	主要防治 对象
化学农药	杀虫剂	吡虫啉 imidacloprid	5%乳油	25(2 000 倍)	2	3	蚜虫、 木虱、 负泥虫
		吡蚜酮 pymetrozine	25%可湿性粉剂	125(2 000 倍)	2	3	
		啶虫脒 acetamiprid	3%乳油	10(3 000 倍)	2	7	
		毒死蜱 chlorpyrifos	48%乳油	480(1 000 倍)	2	7	
		氟啶虫胺腈 sulfoxaflor	50%水分散粒剂	62.5(8 000 倍)	1	7	
		高效氯氟氰菊酯 beta-cyfluthrin	2.5%微乳剂	20(1 250 倍)	1	14	
		氰戊菊酯 fenvalerate	20%乳油	133.33(1 500 倍)	1	5	
		乙基多杀菌素 spinetoram	6%悬浮剂	15~20 (3 000~4 000 倍)	1	3	蓟马
		辛硫磷 phoxim	40%乳油	2 000(200 倍)	2	5	蚜虫、 木虱、蓟马
	杀螨剂	阿维菌素 abamectin	1.8%乳油	6(3 000 倍)	2	3	瘿螨、蚜虫
		哒螨灵 pyridaben	15%乳油	100(1 500 倍)	2	3	瘿螨
		噻螨酮 hexythiazox	5%乳油	25(2 000 倍)	2	3	
		四螨嗪 clofentezine	20%悬浮剂	200(1 000 倍)	2	5	
		乙螨唑 etoxazole	11%悬浮剂	22(5000 倍)	1	3	
		唑螨酯 fenpyroximate	5%悬浮剂	25(2 000 倍)	2	5	
		双甲脒 amitraz	20%乳油	200(1 000 倍)	1	14	瘿螨、 红瘿蚊

表 1（续）

农药种类		通用名	剂型及含量	有效成分使用剂量/ （mg/kg）（稀释倍数）	每年最多 使用次数	安全间 隔期/d	主要防治 对象
化学农药	杀菌剂	丙环唑 propiconazole	25％乳油	50（5 000 倍）	2	3	炭疽病、 白粉病
		苯醚甲环唑 difenoconazole	10％水分散粒剂	66.67（1 500 倍）	1	7	炭疽病
		氟硅唑 flusilazole	40％乳油	53.33（7 500 倍）	1	14	
		多菌灵 carbendazim	50％可湿性粉剂	500（1 000 倍）	1	7	
		甲基硫菌灵 thiophanatemethyl	70％可湿性粉剂	875（800 倍）	1	7	炭疽病、 白粉病
		代森锰锌 mancozeb	80％可湿性粉剂	800（1 000 倍）	1	7	
		嘧菌酯 azoxystrobin	25％悬浮剂	166.67（1 500 倍）	2	5	
		三唑酮 triadimefon	15％可湿性粉剂	150（1 000 倍）	1	7	白粉病
		戊唑醇 tebuconazole	25％悬浮剂	166.67（1 500 倍）	1	7	
生物农药		除虫菊素 pyrethrins	5％乳油	25（2 000 倍）	2	3	蚜虫、木虱、 蓟马
		苦参碱 matrine	0.3％可溶性液剂	6（500 倍）	—	—	
		藜芦碱 veratrine	0.5％可溶性液剂	6.25（800 倍）	—	—	蚜虫、木虱
		印楝素 azadirachtin	0.3％乳油	3.75（800 倍）	—	—	
		烟碱·苦参碱 nicotine·matrine	1.2％乳油	12（1 000 倍）	—	—	
		斑蝥素 cantharidin	0.01％水剂	0.125（800 倍）	—	—	蓟马、蚜虫
		小檗碱 berberine	0.2％可溶性液剂	2（1 000 倍）	—	—	蚜虫、木虱

表 1（续）

农药种类	通用名	剂型及含量	有效成分使用剂量/ (mg/kg)(稀释倍数)	每年最多 使用次数	安全间 隔期/d	主要防治 对象
生物农药	蛇床子素 osthole	1%微乳剂	12.5(800 倍)	—	—	白粉病
	香芹酚 carvacrol	0.5%水剂	5(1 000 倍)	—	—	
矿物农药	硫磺 sulphu	50%悬浮剂	1 666.67(300 倍)	—	—	白粉病、 瘿螨
	石硫合剂 lime sulphur	45% 晶体	1 800(250 倍)	—	—	
	矿物油 mineral oil	99%乳油	3 960(250 倍)	—	—	蚜虫、木虱、 蓟马等
注:常用公式:制剂使用量＝有效成分使用量÷制剂含量。						

8.2 本标准推荐药剂均为树体喷雾方法,可交替使用;采果期间在采果后当日或次日进行施药,喷药时间为每日 10:00 以前和 17:00 以后,如施药后 12 h 内降雨应补喷;施药时要保证药量准确,喷雾均匀,喷雾器械达到规定的工作压力,尽可能在无风条件下施药;安全间隔期超过 7 d 的采果期不能使用。

ICS 65.020
B 16

DB64

宁夏回族自治区地方标准

DB64/T 1576—2017

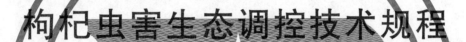

枸杞虫害生态调控技术规程

Technical regulation of ecological control of insect pests on Lycium

2018-10-18 发布

2019-01-17 实施

宁夏回族自治区质量技术监督局 发布

前　言

本标准按照 GB/T 1.1—2009 给出的规则起草。

本标准由宁夏农林科学院提出。

本标准由宁夏回族自治区林业厅归口。

本标准起草单位：宁夏农林科学院植物保护研究所、中国科学院动物研究所、宁夏枸杞产业发展中心。

本标准主要起草人：张蓉、何嘉、刘畅、张润志、徐婧、王芳、高立原、孙海霞、马利奋、乔彩云、胡学玲、李国民、张雨。

枸杞虫害生态调控技术规程

1 范围

本标准规定了枸杞虫害生态调控技术的术语和定义、生态调控模式和配套生物防治。

本标准适用于枸杞虫害的生态调控。

2 规范性引用文件

下列文件对于本文件的应用是必不可少的。凡是注日期的引用文件,仅注日期的版本适用于本文件。凡是不注日期的引用文件,其最新版本(包括所有的修改单)适用于本文件。

DB64/T 1211—2016 枸杞实蝇绿色防控技术规程

DB64/T 1213—2016 枸杞病虫害防治农药安全使用技术规范

DB64/T 937—2013 苜蓿生产技术规程

3 术语和定义

下列术语和定义适用于本文件。

3.1

枸杞虫害生态调控

通过功能植物间作、枸杞抗性品种配置、区域适宜作物合理布局等种植模式,充分利用生物多样性原理,营造良好生态环境,发挥天敌自然控制作用,有效控制枸杞园虫害的发生和危害。

3.2

功能植物

能够产生对害虫有趋避或对天敌有诱集作用的挥发性物质,或能够提供适合的花粉及花蜜等食物资源为寄生性天敌提供替代食物,或能够维持大量的天敌种类及种群密度的植物。

3.3

间作

将两种或两种以上生育期相近的作物在同一块田地上同时或同季节成行或成带相间种植的方式。

3.4

抗虫性

植物在害虫为害较严重的情况下,能避免受害、耐害、或虽受害而有补偿能力的特性。

4 生态调控模式

4.1 功能植物种植

4.1.1 间作植物

以生长期在5月～10月,花期较长、与枸杞生长期一致或相近的多年生草本植物为主。

表 1　适宜枸杞园间作的功能植物种类

种名	科名	属名	拉丁名	生活型
万寿菊	菊科	万寿菊属	*Tagetes erecta* L.	一年生
薰衣草	唇形科	薰衣草属	*Lavandula angustifolia* Mill.	多年生
薄荷	唇形科	薄荷属	*Mentha haplocalyx* Briq.	多年生
白三叶草	豆科	三叶草属	*Trifolium repens* L.	多年生

4.1.2　间作植物种植

4.1.2.1　万寿菊

5 月上旬万寿菊苗茎粗 0.3 cm、株高 15 cm～20 cm、3 对～4 对真叶时移栽。采用地膜覆盖,株行距 30 cm×40 cm,隔行种植,每行间种植两行,高度保持在 60 cm～100 cm,8 月后成花及时采摘。

4.1.2.2　薰衣草

5 月上旬薰衣草苗高 10 cm～15 cm 时移栽,株行距 20 cm×40 cm,隔行种植,每行间种植两行。每年 4 月中下旬薰衣草返青期浇好返青水;10 月底平茬修剪留高 15 cm～20 cm,11 月上旬灌冬水,埋土越冬。

4.1.2.3　薄荷

5 月上旬株高 15 cm 时移栽,株行距 30 cm×40 cm,隔行种植,每行间种植两行,修剪高度保持在 40 cm 内。10 月底平茬修剪留高 15 cm～20 cm,11 月上旬灌冬水,埋土越冬。

4.1.2.4　三叶草

4 月下旬至 5 月上旬,撒播,种植宽度 60 cm～100 cm,播种量 8 g/m²～10 g/m²,播深 0.5 cm～1 cm。

4.2　苜蓿带种植

4.2.1　种植时间

4 月下旬至 5 月中旬,造墒播种。

4.2.2　种植方式

苜蓿带宽 4m,与枸杞行走向一致,枸杞种植区每 50 m～100 m 配置一条苜蓿带。条播,行距 15 cm～20 cm,播种量 1 kg/667 m²～2 kg/667 m²,播深 1 cm～2 cm,具体参照 DB64/T 937—2013 执行。

4.2.3　苜蓿刈割期

在枸杞蚜虫、枸杞木虱和枸杞蓟马的初发期,尽量能与苜蓿初花期吻合。

4.3 抗性品种配植

4.3.1 抗性品种

枸杞抗性品种选择对枸杞害虫（枸杞蚜虫、枸杞木虱、枸杞瘿螨等）具有高抗的黑果枸杞。

4.3.2 种植模式

种植比例为 1 行黑果：2 行红果或 1 行黑果：3 行红果。

4.4 适生果树种植

4.4.1 适生果树

选择当地适生性强、多年生、非枸杞虫害寄主、具有一定经济效益和观赏性，如苹果和红枣等。

4.4.2 种植方式

种植方向与枸杞行走向一致，枸杞与适生果树 20：1 的种植比例，果树"品"字形种植，株行距 3 m×3 m，修剪成矮化树型。

5 天敌保护和利用

5.1 天敌保护

5.1.1 天敌种类

枸杞园捕食性天敌有多异瓢虫、龟纹瓢虫、七星瓢虫、塔六点蓟马、小花蝽、小黑隐翅甲、中华草蛉、大草蛉和捕食螨等；寄生性天敌有蚜茧蜂、赤眼蜂、姬小蜂等小蜂类。

5.1.2 天敌保护时间

6 月～10 月期间，尤其是 7 月中下旬和 9 月中下旬天敌发生的两个高峰期。

5.1.3 天敌保护措施

在天敌发生期采用高选择性的生物农药进行害虫防治，以创造有利于天敌生存和繁衍的良好生态环境。

5.2 天敌利用

5.2.1 释放天敌种类及虫态

多异瓢虫、七星瓢虫、龟纹瓢虫的蛹、成虫或卵。

5.2.2 防治对象

枸杞蚜虫、枸杞木虱等。

5.2.3 释放条件

平均每枝蚜虫发生量为 5 头～10 头，木虱若虫发生量为 5 头～10 头。

5.2.4 释放时间

6月～8月,蚜虫和木虱的初发期,阴天或傍晚;释放后1 h～2 h内有降雨,需重新释放。

5.2.5 释放量

释放成虫及蛹,瓢害比为1∶100;释放卵,瓢害比为1∶10～1∶20。

5.3 诱剂防治

枸杞实蝇防治参照 DB64/T 1211—2016 执行。

5.4 生物药剂防治

生物药剂防治方法参照 DB64/T 1213—2016 执行。

六、检验方法标准

ICS 71.060.20
G 13

DB64

宁夏回族自治区地方标准

DB64/T 675—2010

枸杞中二氧化硫快速测定方法

Rapid determination of sulfur dioxide residues in Lycium

2010-12-03 发布　　　　　　　　　　　　2010-12-03 实施

宁夏回族自治区质量技术监督局　发 布

前　言

本标准按照 GB/T 1.1—2009 给出的规则起草。

本标准由宁夏农林科学院提出。

本标准由宁夏回族自治区质量技术监督局归口。

本标准起草单位:农业部枸杞产品质量监督检验测试中心。

本标准主要起草人:张艳、姜瑞、程淑华、崔群英。

枸杞中二氧化硫快速测定方法

1 范围

本标准规定了枸杞中二氧化硫的快速测定方法的原理、试剂、仪器、分析步骤、结果计算和精密度。

本标准适用于枸杞中二氧化硫的快速筛选测定。

本标准规定方法检出限为 10 mg/kg。

2 原理

亚硫酸盐与四氯汞钠反应生成稳定的化合物,再与甲醛及盐酸副玫瑰苯胺作用生成紫红色络合物,与标准系列比较定量。

3 试剂

3.1 标准液

二氧化硫标准溶液:100 mg/L。

3.2 提取液

3.2.1 四氯汞钠提取液:20 g/L。

3.2.2 亚铁氰化钾溶液:70 g/L。

3.2.3 乙酸锌溶液:180 g/L。

3.3 显色液

3.3.1 氨基磺酸铵溶液:12 g/L。

3.3.2 甲醛溶液:2 g/L。

3.3.3 盐酸副玫瑰苯胺溶液:0.2 g/L。

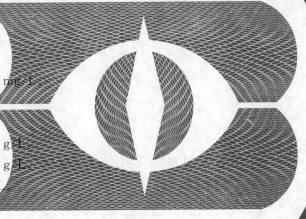

4 仪器

4.1 二氧化硫快速测定仪。

4.2 电子天平:感量 0.01 g。

4.3 剪刀。

4.4 比色管:25 mL、50 mL。

4.5 移液管:1 mL、10 mL。

4.6 针头式过滤器。

5 分析步骤

5.1 试样制备

选择待测枸杞样品,用剪刀剪碎混匀,准确称取 2.50 g,置于 50 mL 比色管中,用少量水将样品润湿,然后用移液管准确加入 10 mL 四氯汞钠提取液,用玻棒搅拌均匀,浸泡 30 min 以上(或加水稀释至 25 mL,用玻棒搅拌均匀,放入超声提取仪中提取 10 min),再加入 0.5 mL 亚铁氰化钾溶液和 0.5 mL 乙酸锌溶液,加水稀释至 50 mL 刻度线处,用玻棒搅拌均匀,放置澄清过滤,上清液备用。

5.2 试样显色

准确吸取上清液 0.10 mL~1.00 mL(视二氧化硫含量而定)置于 25 mL 比色管中,加入四氯汞钠提取液稀释至 10 mL,然后再加入 0.2 mL 氨基磺酸铵溶液、0.2 mL 甲醛溶液及 0.4 mL 盐酸副玫瑰苯胺溶液,摇匀,静置显色 20 min 后测定。同上述方法,用 10 mL 四氯汞钠提取液代替试样,做试剂空白。

5.3 试样测定

采用二氧化硫快速测定仪,用试剂空白调零后,测定试样浓度。

6 结果计算

按式(1)计算结果。

$$W = \frac{V_1 \times V_2 \times c}{m \times V_3} \qquad\qquad \cdots\cdots\cdots\cdots\cdots\cdots\cdots(1)$$

式中:

W —— 样品中二氧化硫含量,单位为毫克每千克(mg/kg);

V_1 —— 提取试液总体积,单位为毫升(mL);

V_2 —— 显色液体积,单位为毫升(mL);

c —— 仪器示值,单位为毫克每升(mg/L);

m —— 样品的质量,单位为克(g);

V_3 —— 吸取试液体积,单位为毫升(mL)。

7 精密度

在重复性条件下获得的两次独立测定结果的绝对差值不得超过算数平均值的 20%。

ICS 65.020.01
B 04

DB64

宁夏回族自治区地方标准

DB64/T 1082—2015

枸杞中总黄酮含量的测定
分光光度比色法

Method for detemination of total flavonoids in Lycium—Colorimetric method

2015-11-22 发布　　　　　　　　　　　　　　2015-11-22 实施

宁夏回族自治区质量技术监督局　发布

前　言

本标准按照 GB/T 1.1—2009 给出的规则起草。

本标准由宁夏宝塔化工中心实验室(有限公司)提出。

本标准由宁夏回族自治区农牧厅归口。

本标准起草单位:宁夏宝塔化工中心实验室(有限公司)、宁夏产品质量监督检验院、宁夏出入境检验检疫局。

本标准主要起草人:于惠、康磊、邢雅琴、马立新、张立忠、吕林昌、郭玉生、李拥军、张瑞、李宏校、王伟、李竹岩。

枸杞中总黄酮含量的测定
分光光度比色法

1 范围

本标准规定了枸杞中黄酮类化合物总含量的测定方法。

本标准适用于经干燥加工制成的各品种的枸杞成熟干燥果实,其方法的检出限为 0.05 g/100 g。

2 规范性引用文件

下列文件对于本文件的应用是必不可少的。凡是注日期的引用文件,仅注日期的版本适用于本文件。凡是不注日期的引用文件,其最新版本(包括所有的修改单)适用于本文件。

GB/T 6682 分析实验室用水规格和试验方法

3 原理

黄酮类化合物(flavonoids)是一类存在于自然界的、具有 2-苯基色原酮(flavone)结构的化合物。在弱碱性条件下,溶于乙醇的黄酮类化合物与铝盐生成螯合物,加氢氧化钠溶液后显色,用分光光度计测定吸光度。在一定的浓度范围内,其吸光度值与黄酮类化合物的含量成正比。通过与标准曲线比较,可定量测定黄酮类化合物的含量。

4 试剂和材料

除非另有说明,在进行分析中仅使用确认为分析纯的试剂和应符合 GB/T 6682 中规定的至少三级的水。

4.1 60%乙醇溶液:量取 600 mL 无水乙醇(C_2H_5OH)至 1 L 容量瓶中,加水定容。

4.2 50 g/L 亚硝酸钠溶液:称取 5.0 g 亚硝酸钠($NaNO_2$)溶解于水中并定容至 100 mL。

4.3 100 g/L 硝酸铝溶液:称取 17.6 g 硝酸铝[$Al(NO_3)_3 \cdot 9H_2O$]溶解于水中并定容至 100 mL。

4.4 40 g/L 氢氧化钠溶液:称取 10.0 g 氢氧化钠(NaOH)溶解于水中并定容至 250 mL。

4.5 60 ℃～90 ℃石油醚。

4.6 芦丁标准品(分子式:$C_{27}H_{30}O_{16}$;CAS:153-18-4):已知质量分数≥95.0 %。

4.7 2.000 0 g/L 芦丁储备液:精密称取 0.200 0 g(精确至 0.000 1 g)的芦丁,加乙醇溶液溶解并稀释至 100 mL。该溶液三个月内有效。

4.8 0.200 0 g/L 芦丁标准使用液:移取 5.00 mL 芦丁储备液于 50 mL 容量瓶中,加乙醇溶液溶解并稀释至刻度。适时配用。

5 仪器与设备

5.1 实验室用样品粉碎机。

5.2 分析天平:感量0.1 mg。

5.3 分光光度计:用10 mm比色杯,可在510 nm下测吸光度。

5.4 超声波清洗器。

5.5 水浴锅。

5.6 冷冻室可以达到—18 ℃的常用冰箱。

5.7 玻璃仪器:索氏提取器,25 mL具塞比色管,50 mL、100 mL、250 mL及1 L容量瓶。

5.8 网目为0.5 mm的样品筛。

6 样品制备

将枸杞置于冰箱中冷冻,待其变硬变脆后,立即采用粉碎机粉碎,迅速过0.5 mm筛。将过筛后的样品放入干燥器中避光保存。

7 分析步骤

7.1 样品溶液的制备

准确称取样品粉末1.0 g±0.000 2 g,用滤纸包裹,置于索氏提取器中,用石油醚回流4 h除去脂类等杂质。待残渣中的石油醚挥发后,将包有样品的滤纸置于100 mL锥形瓶中,加入乙醇溶液40 mL,在70 ℃、120 W~150 W超声频率下超声提取。提取2次,每次提取时间30 min。合并2次的提取液,将提取液转移至100 mL的容量瓶中,锥形瓶和包有样品的滤纸用乙醇溶液多次洗涤,并将洗涤液一并转移至100 mL的容量瓶中,用乙醇溶液定容,待测。

7.2 工作曲线的绘制

吸取0.00 mL、0.25 mL、0.50 mL、1.00 mL、2.50 mL、3.50 mL、5.00 mL、7.50 mL、10.00 mL芦丁标准使用液(相当于0.00 mg、0.05 mg、0.10 mg、0.20 mg、0.50 mg、0.70 mg、1.00 mg、1.50 mg、2.00 mg芦丁),分别置于25.00 mL具塞比色管中,补加适量乙醇溶液至约10.00 mL。加0.8 mL亚硝酸钠溶液,混匀,放置6 min。加0.8 mL硝酸铝溶液,混匀,放置6 min。再加入10.0 mL氢氧化钠溶液,用乙醇溶液定容至刻度,混匀,放置15 min。用10 mm比色杯,以试剂空白为参比溶液,在最大吸收波长510 nm处,测定吸光度。以吸光度为纵坐标,芦丁的质量为横坐标,绘制工作曲线。

7.3 试样的测定

准确吸取待测液一定量(视待测液含量而定),置于25.00 mL具塞比色管中,以下操作按标准曲线绘制的方法测定吸光度,根据工作曲线查出或通过线性回归方程计算,求出吸取待测液中黄酮类化合物的含量,其单位为毫克(mg)。

8 结果表述

枸杞中黄酮类化合物的总含量按式(1)计算。

$$w = \frac{m_2 \times 100}{m_1 \times V \times 1\,000} \times 100 \quad\cdots\cdots\cdots\cdots\cdots\cdots\cdots\cdots(1)$$

式中:

w ——黄酮类化合物的总含量,单位为克每百克(g/100 g);

m_2——由标准曲线计算得出的吸取待测试液黄酮类化合物含量,单位为毫克(mg);

m_1——试料的质量,单位为克(g);

V ——试液的移取量,单位为毫升(mL);

测定结果取平行测定结果的算术平均值,计算结果表示到小数点后 2 位。

9 重复性

每个试样取两个平行样进行测定,以其算术平均值为测定结果,小数点后保留 2 位。在重复条件下两次独立测定结果的绝对差值不得超过算术平均值的 10%。

ICS 65.020.01
B 04

DB64

宁 夏 回 族 自 治 区 地 方 标 准

DB64/T 1139—2015

枸杞中总黄酮含量的测定
高效液相色谱法

Determination of total content of flavonoids in Lycium—HPLC methor

2015-11-30 发布

2015-11-30 实施

宁夏回族自治区质量技术监督局　发 布

前　言

本标准按照 GB/T 1.1—2009 给出的规则起草。

本标准由宁夏农林科学院提出。

本标准由宁夏回族自治区农牧厅归口。

本标准起草单位:宁夏农产品质量标准与检测技术研究所、宁夏农林科学院。

本标准主要起草人:王晓菁、吴燕、牛艳、张锋锋、姜瑞、白小军。

枸杞中总黄酮含量的测定
高效液相色谱法

1 范围

本标准规定了高效液相色谱法测定枸杞中总黄酮的测定方法。

本标准适用于枸杞中总黄酮含量的测定。

本方法检出限为 5 mg/kg。

2 规范性引用文件

下列文件对于本文件的应用是必不可少的。凡是注日期的引用文件，仅注日期的版本适用本文件。凡是不注日期的引用文件，其最新版本（包括所有的修改单）适用于本文件。

GB/T 6682 分析实验室用水规格和试验方法

3 原理

样品用70％甲醇溶液超声提取，用液相色谱-紫外检测器在波长 360 nm 处测定，外标法定量。

4 试剂

除非另有规定，本法所使用试剂均为分析纯。

4.1 水：GB/T 6682，一级。

4.2 甲醇：色谱纯。

4.3 70％甲醇溶液。

4.4 芦丁标准品：纯度≥98％。

4.5 芦丁标准溶液：准确称取一定量的芦丁标准物质（精确到0.000 1 g）用70％甲醇溶液溶解并定容，配制成 10.00 mg/mL 标准储备液。

5 仪器和设备

5.1 高效液相色谱仪（HPLC）：配有紫外检测器。

5.2 超声波清洗器。

5.3 离心机：4 000 r/min。

5.4 高速万能粉碎机：10 000 r/min。

5.5 分析天平：感量±0.000 1 g。

5.6 微孔滤膜：有机相，0.45 μm。

6 试样的制备

枸杞试样:样品于-18 ℃冷冻冰箱中保存。试验时将样品取出,立即用高速万能粉碎机(可加少量的液氮)粉碎(30 g样品粉碎时间为30 s),置于样品瓶中,-18 ℃冷冻备用。

7 试样提取

精确称取1 g(精确到0.001 g)粉碎的枸杞样于100 mL离心管中,加70%甲醇溶液25 mL,摇匀,放置超声波中超声提取60 min(期间振摇2次~3次),取出后在4 000 r/min转速下离心10 min,上清液过0.45 μm微孔滤膜过滤,供高效液相色谱-紫外检测器测定。

8 高效液相参考条件

a) 色谱柱:XBridge C$_{18}$柱[1),250 mm×4.6 mm(i.d),5.0 μm,或相当者;
b) 柱温:30 ℃;
c) 流动相:甲醇-4%甲酸溶液,详细梯度洗脱条件见表1;
d) 流速:1.0 mL/min;
e) 波长:360 nm;
f) 进样量:10 μL。

表 1 流动相详细梯度洗脱条件

时间/min	甲醇/mL	4%甲酸溶液/mL
0	50	50
15.0	50	50
15.1	80	20
25.0	80	20
25.1	50	50

9 标准曲线的绘制

用70%甲醇溶液将芦丁标准溶液逐级稀释得到浓度为0 μg/mL、5 μg/mL、10 μg/mL、20 μg/mL、50 μg/mL、100 μg/mL、200 μg/mL的标准工作液,依次由低到高进样检测,质量浓度X(μg/mL)为横坐标,以响应值(峰面积)Y为纵坐标进行线性回归,得到标准曲线回归方程。

---

1) 色谱柱是由Waters公司提供的产品。给出这一信息是为了方便本标准的使用者,并不表示对该产品的认可。如果其他等效产品具有相同的效果,则可使用这些等效产品。

10 测定

待测液中芦丁的响应值应在标准曲线范围内,超过线性范围则应稀释后再进样分析。同时做空白试验。

11 结果计算

试样中总黄酮含量以芦丁的质量分数 w 计,单位以毫克每千克(mg/kg)表示,按式(1)计算:

$$w = \frac{c \times V}{m} \qquad\qquad \dots\dots\dots\dots\dots\dots\dots\dots\dots(1)$$

式中:

w ——试样中总黄酮的含量,单位为毫克每千克(mg/kg);

c ——从标准曲线上查得待测液中总黄酮的质量浓度,单位为微克每毫升(μg/mL);

V ——试样中加入的提取溶液体积,单位为毫升(mL);

m ——试样的质量,单位为克(g)。

计算结果保留小数点后两位。

12 色谱图

芦丁标准物质及枸杞样品中芦丁组分色谱图参见附录 A。

13 精密度

在重复性条件下,获得的两次独立测试结果的绝对差值不大于这两个测定值的算术平均值的 10%。

表 2 室内精密度试验

添加浓度/(μg/mL)	回收率/%	相对标准偏差/%
5~50	97.7~103.0	0.77~9.9

附　录　A
（资料性附录）
芦丁色谱图

A.1 芦丁标准色谱图见图 A.1。

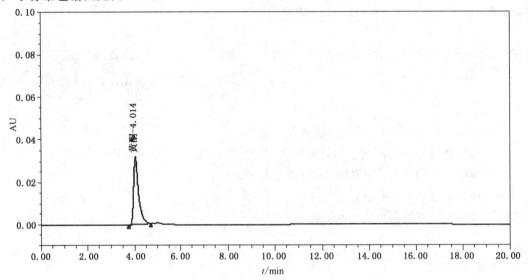

图 A.1　芦丁标准品色谱图（50 μg/mL）

A.2 枸杞样品中芦丁组分色谱图见图 A.2。

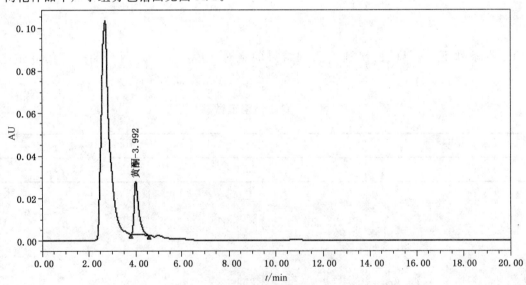

图 A.2　枸杞样品中芦丁组分色谱图

ICS 65.020.01
B 04

DB64

宁夏回族自治区地方标准

DB64/T 1514—2017

枸杞及枸杞籽油中玉米黄质、
β-胡萝卜素和叶黄素的测定

Determination of zeaxanthin、beta-carotene and lutein
in Lycium and Lycium seed oil

2017-11-22 发布　　　　　　　　　　　　　　　　2018-02-22 实施

宁夏回族自治区质量技术监督局　发 布

前　言

本标准按照 GB/T 1.1—2009 给出的规则起草。

本标准由宁夏回族自治区食品检测中心提出。

本标准由宁夏回族自治区质量技术监督局归口。

本标准起草单位：宁夏回族自治区食品检测中心。

本标准主要起草人：马桂娟、朱捷、谢芳、龚慧、王鹏、高琳、张文轩、刘继辉。

枸杞及枸杞籽油中玉米黄质、
β-胡萝卜素和叶黄素的测定

1　范围

本标准规定了枸杞及枸杞籽油中玉米黄质、β-胡萝卜素和叶黄素的液相色谱测定方法。

本标准适用于枸杞及枸杞籽油中玉米黄质、β-胡萝卜素和叶黄素的液相色谱测定。

2　原理

试样经皂化使玉米黄质、β-胡萝卜素和叶黄素释放为游离态，用乙醚-正己烷-环己烷（40＋40＋20，体积比）提取，液相色谱法分离，外标法定量。

3　试剂和材料

3.1　试剂

3.1.1　环己烷（C_6H_{12}）：色谱纯。

3.1.2　乙醚［$(C_2H_5)_2O$］：色谱纯。

3.1.3　正己烷（C_6H_{10}）：色谱纯。

3.1.4　二氯甲烷（CH_2CL_2）：色谱纯。

3.1.5　无水乙醇（C_2H_5OH）：色谱纯。

3.1.6　甲基叔丁基醚［$CH_3OCC(CH_3)_3$，MTBE］：色谱纯。

3.1.7　二丁基羟基甲苯（$C_{15}H_{240}$，BHT）：优级纯。

3.1.8　氢氧化钾（KOH）：优级纯。

3.1.9　无水硫酸钠（Na_2SO_4）：优级纯。使用前在 640 ℃下干燥 4 h 备用。

3.1.10　水：去离子水。

3.1.11　抗坏血酸（$C_6H_8O_6$）：分析纯。

3.2　试剂配制

3.2.1　萃取溶剂：称取 1 gBHT（3.1.7），以 200 mL 环己烷（3.1.1）溶解，加入 400 mL 乙醚（3.1.2）和 400 mL 正己烷（3.1.3），混匀。

3.2.2　0.1% BHT 乙醇溶液：称取 0.1 gBHT（3.1.7），以 100 mL 无水乙醇（3.1.5）溶解，混匀。

3.2.3　氢氧化钾溶液：称取 500 g 氢氧化钾（3.1.8），加入 500 mL 水（3.1.10）溶解。临用前配制。

3.3　标准品

3.3.1　玉米黄质（$C_{40}H_{56}O_2$，CAS 号：144-68-3）：纯度≥98.0%，或经国家认证并授予标准物质证书的标准物质。

3.3.2　β-胡萝卜素（$C_{40}H_{56}$，CAS 号：7235-40-7）：纯度≥95.0%，或经国家认证并授予标准物质证书的标准物质。

3.3.3 叶黄素(C$_{40}$H$_{56}$O$_2$,CAS 号:127-40-2):纯度≥98.0%,或经国家认证并授予标准物质证书的标准物质。

3.4 标准溶液配制

3.4.1 玉米黄质标准储备液(500 μg/mL):准确称取 5 mg(精确至 0.01 mg)玉米黄质标准品,以二氯甲烷(3.1.4)溶解并定容至 10 mL。该标准储备液充氮避光置于－20 ℃或以下的冰箱中可保存六个月。标准储备液使用前需校正,具体操作见附录 A。

3.4.2 β-胡萝卜素标准储备液(500 μg/mL):准确称取 5 mg(精确至 0.01 mg)β-胡萝卜素标准品,以二氯甲烷(3.1.4)溶解并定容至 10 mL。该标准储备液充氮避光置于－20 ℃或以下的冰箱中可保存六个月。标准储备液使用前需校正,具体操作见附录 A。

3.4.3 叶黄素标准储备液(500 μg/mL):准确称取 5 mg(精确至 0.01 mg)叶黄素标准品,以二氯甲烷(3.1.4)溶解并定容至 10 mL。该标准储备液充氮避光置于－20 ℃或以下的冰箱中可保存六个月。标准储备液使用前需校正,具体操作见附录 A。

3.4.4 标准中间液(100 μg/mL):从玉米黄质、β-胡萝卜素、叶黄素标准储备液中分别准确移取 1.0 mL 于 5 mL 棕色容量瓶中,用 0.1% BHT 乙醇溶液(3.2.2)定容至刻度,得到浓度为 100 μg/mL 的混合标准中间液。

3.4.5 标准工作液:从标准中间液(3.4.4)中准确移取 0.5 mL、1.0 mL 于 10 mL 棕色容量瓶中,用 0.1% BHT 乙醇溶液(3.2.2)定容至刻度,得到浓度为 5.0 μg/mL、10 μg/mL 的混合标准工作液。准确移取 10 μg/mL 的混合标准工作液 0.5 mL、1.0 mL、2.0 mL 溶于 3 个 10 mL 棕色容量瓶中,用 0.1% BHT 乙醇溶液(3.2.2)定容至刻度,得到浓度为 0.5 μg/mL、1.0 μg/mL、2.0 μg/mL 的系列标准工作液。准确移取 1.0 μg/mL 的混合标准工作液 1.0 mL 溶液于 10 mL 棕色容量瓶中,用 0.1% BHT 乙醇溶液(3.2.2)定容至刻度,得到浓度为 0.1 μg/mL 的标准工作液。准确移取 0.5 μg/mL 的混合标准工作液 0.8 mL 溶液于 10 mL 棕色容量瓶中,用 0.1% BHT 乙醇溶液(3.2.2)定容至刻度,得到浓度为 0.04 μg/mL 的标准工作液。

4 仪器与设备

4.1 高效液相色谱仪,带二极管阵列检测器。

4.2 分析天平:感量为 0.01 mg 和 0.1 mg。

4.3 紫外-可见分光光度计。

4.4 恒温振荡器。

4.5 均质机。

4.6 旋转蒸发仪。

5 分析步骤

5.1 试样制备

称取 200 g 枸杞样品加入 400 g 水(3.1.10),用均质器打浆后备用,枸杞籽油试样用前振摇或搅拌混匀。4 ℃冰箱可保存 1 周。

5.2 试样预处理

枸杞试样:准确称取制备好的试样 6 g(精确至 0.1 mg),置于 100 mL 离心管中,加入 1 g 抗坏血酸(3.1.11)、0.2 g BHT(3.1.7)和 30 mL 无水乙醇(3.1.5),于 70 ℃±1 ℃恒温振荡 30 min。

5.3 试样皂化

枸杞试样:加入 10 mL 氢氧化钾溶液(3.2.3),边加边振摇,盖上瓶塞。置于已预热至 54 ℃±2 ℃恒温振荡器中,皂化 45 min。皂化后立即冷却至室温。

枸杞籽油试样:准确称取试样 2 g(精确至 0.1 mg),置于 250 mL 锥形瓶中,加入 1 g 抗坏血酸(3.1.11)、0.2 gBHT(3.1.7)和 30 mL 无水乙醇(3.1.5)。加入 30 mL 氢氧化钾溶液(3.2.3),边加边振摇,盖上瓶塞。置于已预热至 54 ℃±2 ℃恒温振荡箱中,皂化 45 min。皂化后立即冷却至室温。

5.4 试样萃取

将皂化液转入 250 mL 分液漏斗中,加入 60 mL 萃取溶剂(3.2.1),轻轻摇动,排气,盖好瓶塞,室温下振荡 10 min 后静置分层,将水相转入另一分液漏斗中按上述方法进行第二次提取。合并有机相,用 50 mL 水洗有机相 5 次~6 次,直至水洗近中性。弃水相,有机相通过无水硫酸钠(3.1.9)过滤脱水。滤液收入 250mL 蒸发瓶中,于旋转蒸发仪上 40 ℃±2 ℃减压浓缩至近干。用 0.1% BHT 乙醇溶液(3.2.2),充分溶解提取物并定容至 10 mL。经 0.45 µm 滤膜过滤后供液相色谱仪分析。

5.5 液相色谱条件

a) 色谱柱:C30 色谱柱,5 µm,250 mm×4.6 mm(内径)或相当者。
b) 进样量:50 µL。
c) 柱温:30.0 ℃。
d) 流速:1.0 mL/min。
e) 检测波长:445 nm。
f) 流动相:甲醇:水(88+12,体积比,含 0.1% BHT)-甲基叔丁基醚(含 0.1% BHT),梯度洗脱条件见表1。

表 1 梯度洗脱条件

时间/min	流速/(mL/min)	A/%	B/%
0.00	1.00	85.0	15.0
5.00	1.00	75.0	25.0
10.00	1.00	70.0	30.0
22.00	1.00	55.0	45.0
24.00	1.00	45.0	55.0
26.00	1.00	25.0	75.0
29.00	1.00	20.0	80.0
29.01	1.00	85.0	15.0
36.00	1.00	85.0	15.0

5.6 标准曲线的制作

将标准系列工作液分别注入液相色谱中,测定相应的峰面积,以标准工作液的浓度为横坐标,以峰面积为纵坐标,绘制标准曲线。

5.7 试样液的测定

待测样液中各种物质的响应值应在仪器线性响应范围内,否则应适当稀释或浓缩。标准工作液与待测样液等体积进样。根据标准溶液色谱峰的保留时间和峰面积,对试样溶液的色谱峰根据保留时间进行定性,外标法定量。平行测定两次。

6 空白试验

除不称取试样外,均按 5.2、5.3 和 5.4 的分析步骤同时完成空白试验。

7 结果计算

结果按式(1)计算:

$$X = \frac{(C-C_0) \times V}{m} \times 100 \qquad \cdots\cdots\cdots\cdots\cdots\cdots\cdots\cdots\cdots (1)$$

式中:

X ——试样中被测组分含量,单位为微克每百克(μg/100g);

C ——从标准工作曲线得到的被测组分的浓度,单位为微克每毫升(μg/mL);

C_0 ——空白试验中被测组分的浓度,单位为微克每毫升(μg/mL);

V ——样品溶液提取体积,单位为毫升(mL);

m ——试样的质量,以干基计单位为克(g)。

计算结果以重复性条件下获得的两次独立测定结果的算术平均值表示,结果保留三位有效数字。

8 精密度

在重复性条件下获得的两次独立测定结果的绝对差值不得超过算术平均值的 15%。

9 其他

枸杞籽油中玉米黄质、β-胡萝卜素及叶黄素的检出限分别为 0.23 μg/100 g、0.24 μg/100 g、1.77 μg/100 g。枸杞中玉米黄质、β-胡萝卜素及叶黄素的检出限分别为 0.34 μg/100 g、0.36 μg/100 g、2.65 μg/100 g。

附　录　A

（资料性附录）

标准溶液浓度标定方法

玉米黄质、β-胡萝卜素及叶黄素标准储备液在配制后，在使用前需要对其浓度进行校正，具体操作如下：

a) 取玉米黄质标准储备液（浓度约为 500 μg/mL）20 μL，用 10.0 mL 甲醇稀释，混匀。采用1 cm 比色杯，以甲醇为空白参比，按表 A.1，测定其吸光度。

b) 取β-胡萝卜素标准储备液（浓度约为 500 μg/mL）20 μL，用 10.0 mL 正己烷稀释，混匀。采用 1 cm 比色杯，以正己烷为空白参比，按表 A.1，测定其吸光度。

c) 取叶黄素标准储备液（浓度约为 500 μg/mL）20 μL，用 10.0 mL 无水乙醇稀释，混匀。采用 1 cm 比色杯，以无水乙醇为空白参比，按表 A.1，测定其吸光度。

试液中玉米黄质、β-胡萝卜素及叶黄素的浓度按式（A.1）计算：

$$X = \frac{A}{E} \times \frac{10.02}{0.02} \quad\quad\quad\quad\quad\quad (A.1)$$

式中：

X ——标准储备液的浓度，单位为微克每毫升（μg/mL）；

A ——标准储备液的紫外吸光值；

E ——各物质的比吸光系数（各物质相应的比吸光系数见表 A.1）；

$\frac{10.02}{0.02}$ ——测定过程中稀释倍数的换算系数。

表 A.1　测定波长及比吸光系数

目标物	检测波长/nm	E	稀释溶剂
玉米黄质	449	0.262 0	甲醇
β-胡萝卜素	450	0.262 0	正己烷
叶黄素	445	0.255 0	乙醇

附　录　B
（规范性附录）
标准溶液色谱图

B.1　叶黄素、玉米黄质和 β-胡萝卜素混合标准溶液色谱图

叶黄素、玉米黄质和 β-胡萝卜素混合标准溶液色谱图见图 B.1。

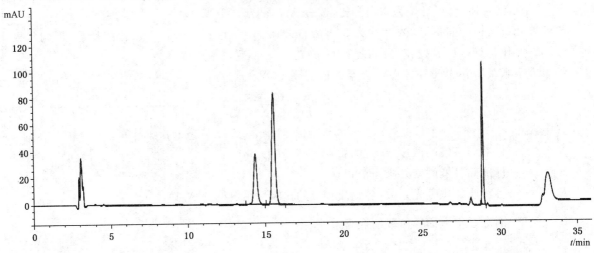

说明：

1——叶黄素；

2——玉米黄质；

3——β-胡萝卜素。

图 B.1　叶黄素、玉米黄质和 β-胡萝卜素混合标准溶液色谱图

ICS 67.080
B 04

DB64

宁 夏 回 族 自 治 区 地 方 标 准

DB64/T 1577—2018

枸杞子甜菜碱含量的测定
高效液相色谱-蒸发光散射法

Determination of betaine in Lycium—High performance liquid chromatography
using a light-scattering detector

2018-10-18 发布

2019-01-17 实施

宁夏回族自治区市场监督管理厅 发 布

前　　言

本标准按照 GB/T 1.1—2009 给出的规则起草。

本标准由宁夏农林科学院提出。

本标准由宁夏回族自治区林业和草原局归口。

本标准起草单位:宁夏农林科学院枸杞工程技术研究所。

本标准主要起草人:刘兰英、曹有龙、安巍、张曦燕、李晓莺、李越鲲、袁海静、禄璐、米佳。

枸杞子甜菜碱含量的测定
高效液相色谱-蒸发光散射法

1 范围

本标准规定了枸杞中甜菜碱含量的高效液相色谱-蒸发光散射测定方法。

本标准适用于枸杞中甜菜碱含量的测定。

本标准规定的方法检出限为 0.03 μg/g。

2 规范性引用文件

下列文件对于本文件的应用是必不可少的。凡是注日期的引用文件,仅注日期的版本适用于本文件。凡是不注日期的引用文件,其最新版本(包括所有的修改单)适用于本文件。

GB/T 6682 分析实验室用水规格和试验方法。

3 原理

样品用甲醇提取,用高效液相色谱-蒸发光检测器测定,峰面积自然对数用外标法定量。

4 试剂与材料

4.1 水

GB/T 6682,一级。

4.2 甲醇

色谱纯。

4.3 甜菜碱标准品

甜菜碱($C_5H_{11}NO_2$),CAS:107-43-7,纯度≥98%。

4.4 标准储备液

准确称取甜菜碱标准品 0.611 6 g(精确至 0.1 mg)用甲醇溶液定容至 10 mL,即为 61.16 mg/mL 的标准储备液。置于 0 ℃～4 ℃冰箱中贮存 0～3 个月。

4.5 标准系列工作液

吸取甜菜碱标准储备液 0 μL、90 μL、250 μL、640 μL、1 000 μL、1 440 μL、1 960 μL 用甲醇定容至 10 mL,标准系列工作液甜菜碱的浓度分别为 0 μg/μL、0.55 μg/μL、1.53 μg/μL、3.91 μg/μL、6.11 μg/μL、8.81 μg/μL、11.98 μg/μL。临用前配制。

5 仪器与设备

5.1 高效液相色谱仪:配有蒸发光散射检测器。

5.2 分析天平:感量±0.000 01 g 和±0.000 1 g。

5.3 组织捣碎机:最大转速≥10 000 r/min。

5.4 标准筛:50 目。

5.5 微孔滤膜:0.22 μm,有机相。

6 试样制备

取枸杞适量加入适量液氮立即粉碎,过筛,混匀,作为供试样品。

7 试样提取

准确称取粉碎枸杞试样 0.200 0 g 至锥形瓶中,准确加入 50.0 mL 甲醇,超声 15 min,用甲醇补足减失的重量,用 0.22 μm 有机滤膜过滤,待测。

8 仪器参考条件

8.1 色谱柱:C18 柱,250 mm×4.6 mm(i.d),5 μm。

8.2 流动相:甲醇-水(8+2)。

8.3 流速:1.0 mL/min。

8.4 雾化温度:40 ℃。

8.5 漂移管温度:40 ℃。

8.6 进样量:标准品溶液分别进 5 μL 和 10 μL;供试品溶液 10 μL。

9 标准曲线的制作

将系列工作液注入高效液相色谱仪中,测定相应的甜菜碱峰面积,以峰面积的自然对数(lnA)为横坐标,进样量(标准品浓度×进样体积)的自然对数(lnM)为纵坐标,绘制标准曲线。

10 试样的测定

按照 8 仪器参考条件将标准品溶液注入高效液相色谱仪中,分别进 5 μL 和 10 μL,作两点校准,再将试样溶液注入,试样中甜菜碱的响应值的自然对数应在仪器检测的线性范围内,得到甜菜碱峰面积。以甜菜碱峰面积的自然对数定量,根据标准曲线计算得到待测液中甜菜碱的浓度。甜菜碱标准品及枸杞试样中甜菜碱色谱图见附录。

11 结果计算

回归方程计算按式(1)计算:

$$\ln M = a\ln A + b \qquad\qquad\qquad (1)$$

式中：

lnM ——甜菜碱标准溶液进样量自然对数；

lnA ——甜菜碱标准溶液峰面积自然对数；

a ——直线方程常数；

b ——直线方程截距。

试样中甜菜碱含量按式（2）计算：

$$X=\frac{e^{(a\ln A_1+b)}\times V_1}{m\times V_2}$$ ························（2）

式中：

X ——试样中甜菜碱的含量，单位为毫克每克（mg/g）；

e ——自然对数 2.718 28；

A_1——枸杞试样甜菜碱峰面积；

V_1——枸杞样品提取液体积，单位为毫升（mL）；

m ——试样的质量，单位为克（g）；

V_2——枸杞样品进样体积，单位为微升（μL）。

12 精密度

在重复性条件下获得的 2 次独立测定结果的绝对差值不得超过算数平均值的 10%。

附　录　A
（资料性附录）
甜菜碱标准溶液色谱图

甜菜碱标准溶液色谱图见图 A.1。

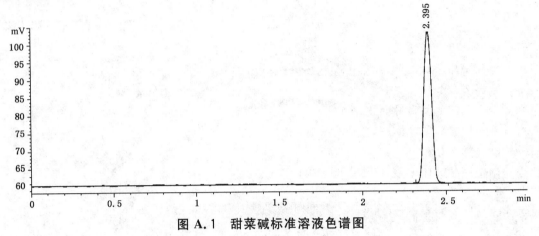

图 A.1　甜菜碱标准溶液色谱图